Comment
lire avec
les oreilles

나를 속이는 뇌 / 뇌를 속이는 나

Comment lire avec les oreilles
Et 40 autres histoires sur le cerveau de l'homme
by Laurent COHEN

나를 속이는 뇌 / 뇌를 속이는 나

로랑 코앙 지음 ◎ 하정희 옮김

북스힐

캐롤린, 새라, 엘리자베스, 제이드, 라파엘에게

들어가며

◎

컴퓨터 화면에 모나리자 그림을 띄우고 돋보기로 자세히 들여다보면 화소(畵素)들의 배열만 보일 뿐 그림은 전혀 알아볼 수 없습니다. 돋보기를 치우고 뒤로 조금 물러나야 비로소 모나리자의 얼굴이 나타나죠.

여러분이 펴든 이 책은 비약적으로 발전하고 있는 뇌 과학에서 한발 뒤로 물러나 그것의 기본 윤곽을 파악할 수 있게 돕는 안내서입니다. 전체 구성은 그 자체로 완결된 독립적인 40개의 장으로 이루어져 있으며, 이를 모두 합치면 우리의 정신과 뇌의 기능을 연구하는 인지 신경 과학의 전체 모습이 그려집니다.

각 장은 우리의 일상적 경험 뒤에 숨겨져 있는 뇌의 블랙박스를 열어 보입니다. 이를테면, 우리의 뇌가 색깔과 그림자를 어떻게 인식하는지, 왜 사람마다 수학적 능력이 다른지, 왜 우리는 가만히 있지 않고 뭔가를 하려고 드는지, 그리고 시험을 잘 보려면 기억력을 어떻게 활용해야 하는지, 금융 기관 직원들의 말을 믿어야 할지 같은 문제들을 다룹니다.

또한 이 책은 신경학자이자 신경과 의사의 글이기도 합니다. 그래서 뇌 손상을 입은 환자들을 통해서 뇌의 기능이 밝혀지는 상황들을 살펴보게 될 거예요. 예를 들자면, 사람은 호흡을 잊을 수 있고, 귀에서 들리는 괴로운 소음은 뇌의 문제이며, 뇌를 다치면 달걀 12개를 10개로 인식할 수도 있어요. 신경 과학의 중요한 발견들이 의료와 교육 분야에서 직접적으로 활용되는 사례들도 당연히 살펴봅니다. 이를테면, 인생의 초반기와 후반기에 나타나는 아이들의 학습 장애나 노화 과정에서의 신경 변성 질환을 빨리 진단해서 제때 대처할 수 있게 된 것은 모두 과학 발전의 덕분이죠.

하지만 본격적으로 책을 읽기 전에 설레는 마음을 잠시 내려놓고서, 여러분이 이성적이고 신중해졌으면 하는 마음에서 제가 드리는 몇 가지 조언을 들어보시길 바랍니다. 다시 말해서, 책에 속지 않도록 조심하세요!

나를 속이는 뇌/
뇌를 속이는 나

1부
책에 속지 마세요!

2부
우리는 환각의 세계만을 본다

3부
듣고, 만지고, 맡고, 맛보고

4부

돌아온 수학의 혹

5부

잘 배우고, 잘 기억하려면

1부

책에
속지 마세요!

나를 속이는 뇌 / 뇌를 속이는 나

인터넷 사이트를 한번 돌아다녀 보세요. 잡지를 펼쳐 봐도 좋고요. 아니면 (이 책을 읽고 있는) 여러분의 모습을 거울에 비춰 봐도 좋습니다. 요즘 신경 과학이 한창 대세예요. 검색창에 관련 용어를 치면 맨 위에 올라오는 것들이 있습니다. '뇌, 중요한 것은 크기만이 아니다!', '운동을 멈추면 뇌를 망친다.', '과도한 휴대 전화 사용이 뇌에 끼치는 영향', '공해는 뇌를 손상시킨다.' 최근 들어 실존적 질문에서부터 지엽적 질문, 잠시 유행하는 질문, 옛날부터 되풀이된 질문까지 온갖 질문들이 뇌로 집중되고 있습니다. '내 뇌에 좋을까?'는 어쩌면 '나한테 좋을까?'를 묻는 소심하고 현대적인 방식일지도 모르겠어요. 그리고 당연한 일이기는 하지만, 이런 질문들 주위로 수많은 정보들이 걷잡을 수 없이 몰려듭니다. 맞는 것과 틀린 것, 확실한 것과 애매한 것, 유해한 것과 괜찮은 것, 잘못 전달된 사실들과 엉터리 이야기들이 마구 뒤섞인 채 말이죠.

일반인들에게 지식욕이 있다면, 과학자들에게는 과시욕이 있습니다. 실험실 쥐는 저명한 과학 학술지에 자기에 관한 논문이 발표되면 아마도 큰 위로가 될 거예요(발표냐 죽음이냐, 그것이 문제로다!). 신문이나 잡지에 자기 이름과 업적이 사진까지 덧붙여서 실린다고 해도 마찬가지로 기쁘겠죠! 뭔가를 납득시키고 싶은 이들과 뭔가를 알고 싶어 하는 이들이 대중 매체를 통해 만나게 될 때 어떤 결과가 나올까요? 방송이며 영화, 기사 그리고 (지금 읽고 있는 이런) 책들이 뇌를 적당히 요리해서 접시에 담아 여러분 앞에 내놓습니다. 뇌 과학이 빠른 속도로 대중화되고 있는 상황에서 어떻게 옥석을 골라내야 할까요? 우리가 할 수 있는 일은, 호기심 많은 독자들을 노리는 근사한 뇌 그림들을 일단 의심해 보는 겁니다. 1장부터 4장까지는 여러분에게 이와 관련된 사례를 몇 가지 제시하고자 합니다. 그것들은 진짜처럼 보이지만 절대 그렇지 않은 것들, 다시 말해서 매력적이긴 하지만 잘못 제기된 질문들이죠. 이 사례들을 보면 여러분은 이 책이 뇌에 대해서 말하고 있는 것들을 경계해야겠다는 생각이 들 거예요.

1장

빛깔 좋은 뇌 그림

잡지와 TV 방송은 '뇌의 신비'를 밝혀주겠다는 식의 얘기들을 수시로 합니다. 그리고 여기에는 근사한 뇌 그림들이 어김없이 따라와요. 빛이나 알록달록한 신경 섬유들이 퍼져 있는 원색 그림들 말이죠. 그런데 실은 이것들이 빈약한 기사와 뻔한 정보를 그럴듯하게 치장하기 위한 속임수나 미끼가 아닐까 의심스러울 때가 종종 있습니다. 어떻게 생각하세요?

좋은 질문입니다. 그런데 그림에 대해서 말하기에 앞서, 신경 과학의 대중화가 대단히 어려운 문제에 직면해 있다는 사실부터 짚고 넘어가고 싶어요. 우리는 뇌의 기능에 대해서 나날이 더 많은 것들을 알아내고 있는데, 이러한 과학적 진전이 한편으로는 윤리적 · 법적 · 정치적 문제를 제기하고 있습니다. 예를 들어, 재판에서 거짓말을 탐지하기 위한 수단으로 뇌 단층 사진을 사용해도 될지, 뇌 기능에 이상이 있다고 인정되는 사이코패스 범죄자들에게 범죄의 책임을 물어야 할지, 자폐증과 난독증 같은 발달 장애들을 어떻게 추적할 것이며 그 비용은 어떻게 부담할 것인지 같은 문제들이죠. '시민 사회'에 과학이 얼마나 진전했는지 알리는 일은 분명 과학자들의 몫입니다. 시민 사회는 세금으로 과학 연구를 지원해 주고 있으니까요. 또 한편으로, 신경 과학 분야는 부정확한 지식으로 일탈하기 쉽습니다. 그래서 허황된 상상, 기적적인 치료법, 기억력 강화 연습 같은 지나치게 단순하고 틀린 정보를 곧잘 퍼뜨리게 되죠.

제가 보기에, 신경 과학을 대중에게 전달할 때 뇌 그림들은 중요한 역할을 하는 것 같아요.

실제로 우리가 신경 과학에 대한 정보를 접할 때 정보의 종류와는 상관없이 거기에 뇌 그림이 딸려 있는 것만으로도 정보에 대한 신뢰도가 높아집니다. 이와 같은 그림 효과에 대해서는 과학적으로도 연구된 바가 있습니다. 일례로, 연구자들이 신경 과학을 잘 모르는 피실험자들에게 신경 과학의 한 연구에 대해서 자세하게 설명해 주고 나서 학문적 수준을 평가해 달라고 했습니다.[1] 그것은 TV 시청과 수학 능력의 상관관계에 대한 가짜 연구였죠. 그 연구는 TV를 보는 것과 계산 문제를 푸는 것 둘 다 동일하게 두 측두엽을 활성화시킨다는 것을 MRI를 사용해 증명했습니다(라고 연구자들은 피실험자들에게 얘기했죠). 그리고 그 사실에서 TV 시청이 수학 능력을 개선시킨다는 것을 추론해 냈습니다(라고 연구자들은 순진한 피실험자들에게 이어서 말했고요). 당연히 그것은 터무니없는 논증입니다만, 중요한 점은 그 거짓말에 그림 두 개가 같이 제시됐다는 사실입니다. 첫 번째 그림은 간단한 막대그래프였어요. 계산 문제를 풀 때와 TV를 볼 때의 측두엽의 활성화 정도를 두 개의 흑백 막대로 표시한 그래프였죠. 두 번째 그림은 3차원의 화려한 뇌 그림이었는데, 측두엽이 모닥불처럼 따뜻한 색으로 환하게 채색돼 있었습니다.

그 그림들이 어떤 변화를 만들어 냈나요?

두 그림이 객관적으로 동일한 정보를 전달하고 있는데도 불구하고 피실험자들은 통계 그래프가 제시될 때보다 뇌 그림이 제시될 때 그 과학 논증을 더 높이 평가하는 경향을 보였어요. 뇌 그림이 제시되는 순간 사람을 매료하고 설득해서 그것을 사실로 받아들이게끔 만드는 효과가 일어난 것이죠.

그 관점에서 보자면 그림마다 우열이 있을 것 같은데, 설득력이 큰 그림과 덜한 그림이 있나요?

당연히 그림마다 다른데, 여기에는 여러 요인이 작용할 수 있어요.

복잡한 그림이 단순한 그림보다 더 나을까요? 실물에 가까운 그림과 상상화 중에는 뭐가 더 나을까요? 표현의 질(색채화, 3차원)은 중요할까요? 익숙한 그림, 다시 말해서 대중이 자주 접해본 그림을 사용하는 게 더 효과적일까요?

뭐가 그림의 설득력을 높여 주나요?

사실상 가장 중요한 요인은 3차원적 표현입니다.[2] 다음에 보게 될 그림은 동일한 종류의 정보를 나타내는 다섯 가지 유형의 뇌 그림입니다. 그림들은 위로 갈수록 3차원으로 바뀌어서, 맨 아래 그림이 가장 평면적이고 맨 위의 그림이 가장 입체적이에요(자료 1). 앞서의 그 실

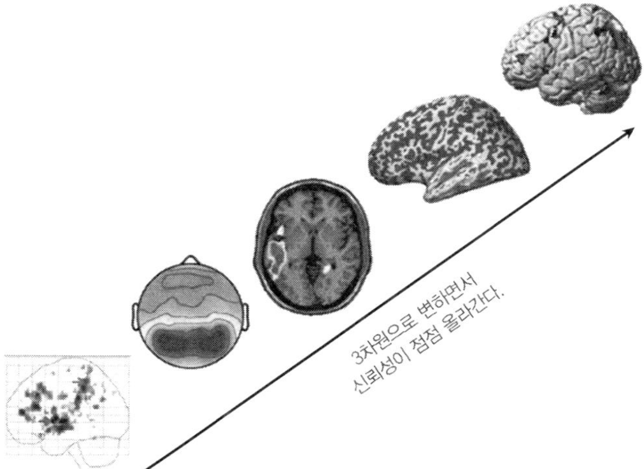

자료 1 그림이 3차원적일수록 그림이 제시하는 과학적 결과에 대한 신뢰도는 높아진다.

험과 동일한 방식, 다시 말해서 신경 과학을 잘 모르는 피실험자들에게 동일한 과학적 발견을 각기 다른 유형의 그림을 보여주면서 평가해 달라고 하자 그림이 3차원에 가까울수록 그것을 더 높이 평가했어요.

3차원적 표현이 정보를 더 신뢰하게 만드는 이유는 뭔가요?

3차원적 표현은 사실 그 자체를 보고 있다는 착각을 불러일으키기 때문입니다. 뇌 그림의 붉은 점을 볼 때 우리는 이렇게 생각하죠. '뇌의 이 부위가 활성화됐군. 내 눈으로 똑똑히 보고 있으니까 확실해.' 그런데 이런 순진한 해석은 사실과 거리가 있어요. 그 붉은 점은 과학자들이 몇 가지 핵심 요소를 선택해서 복잡한 통계적 분석을 거쳐 만들어 낸 결과물입니다. 그 그림은 과학자들이 그린 것이죠. 하지만 우리는 이 사실을 전혀 인지하지 못합니다. 그래서 자신이 틀림없는 사실을 보고 있다고 믿어요. 반면에, 통계 그래프처럼 비구상적이고 상징적인 그림들에 대해서는 사실과 눈에 보이는 것 사이에 '조작'이 (실례가 됐다면 용서하시길!) 있다고 느끼고 이 때문에 더 회의적이 되죠.

3차원 그림은 거짓된 사실감을 주기 때문에 설득력이 있는 것이군요. 게다가 3차원 그림은 그래프보다 정보를 더 이해하기 쉽게 보여줍니다. 정보를 이해하는 데 노력이 덜 들어갈수록 설득력이 더 높아지는 것은 아닐까요?

정확히 보셨어요. 최소한의 노력을 선호하는 성향에 대한 연구도 있어요. 연구자들이 피실험자들에게 명제 여러 개를 주고 참과 거짓을 결정하게 했어요.[3] '오소르노는 칠레에 있다.' 같은 어려운 명제들이었죠. 남아메리카의 지리에 대해서 잘 알고 있지 않은 이상, 우리는 아무렇게나 대답할 거예요. 여기서 핵심은, 이 명제들이 읽기 쉬운 형태와 읽기 어려운 형태로 나뉘어서 제시됐다는 점입니다(자료 2). 피실험자들은 글자를 읽기 어려울 때보다 읽기 쉬울 때 명제가 참이라고 판단하는 경향이 더 강했어요. 다시 말해서, 우리는 정보가 이해하기 어려운 형태로 제시될 때보다 이해하기 쉬운 형태로 제시될 때 그것을 더 기꺼이 믿는 경향이 있습니다.

그렇다면 이 장의 교훈은 신경학자들이 우리에게 보여주는 근사한 그림을 무조건 믿지는 말라는 것이겠네요. 로마의 시인 베르길리우스도 말하기를, 달콤한 말에는 흔히 속임수가 있다고 했죠. 시대를 뛰어넘은 현명한 조언이라고 생각합니다. 그런데 MRI와 3차원의 화려한 뇌

오소르노는 칠레에 있다.

오소르노는 칠레에 있다.

자료 2 우리는 지각하기 어려운 명제(두 번째 명제)보다 지각하기 쉬운 명제(첫 번째 명제)가 더 신뢰성이 높다고 판단한다.

그림이 나오기 전에도 과학적 기만은 존재하지 않았을까요?

당연히 존재했습니다. 그래서 다음 장에서는 비상한 능력을 지녔던 한스에 대해서 얘기를 해볼까 합니다. 이 녀석이 남긴 교훈은 오늘날에도 여전히 시사하는 바가 커요. 비록 백 년도 더 지난 사건이기는 하지만 말이죠.

2장

영리한 말, 한스

플라세보 효과

한스가 비상한 능력을 지녔다고 하셨는데, 소개를 좀 해주시겠어요?

한스는 말이었어요. 한스의 주인은 19세기 말 독일에 살았던 빌헬름 폰 오스텐으로, 시골 귀족이자 은퇴한 중학교 선생님이었습니다(자료 3). 어느 날 그는 아이들을 가르치는 데 만족하지 않고 자기 말에게 숫자 세는 법을 가르치기 시작했어요. 그런데 알고 보니 말이 아주 뛰어난 학생이었던 거예요. 이웃 사람들은 폰 오스텐을 늙은 미치광이라고 생각했죠. 헐렁한 옷차림으로 아침마다 칠판과 점수판을 세워놓고 세상 진지하게 말을 가르쳤으니 말이에요.

말은 말을 못했을 텐데 폰 오스텐은 말과 어떻게 의사소통을 했나요?

그는 한스에게 발굽으로 땅을 치거나 긁게 하고 머리를 위아래 좌우로 흔들어서 생각을 표현하도록 가르쳤어요. 그뿐만 아니라 독일어 낱말도 가르치고 꽤 복잡한 질문까지도 이해할 수 있게 가르쳤습니다. 심지어는 칠판에 적어 놓은 글자들을 골라서 철자까지 맞출 수 있게 지도했어요. 한마디로, 한스의 능력은 무한한 것처럼 보였죠.

정말 신기하네요. 그런데 장터의 구경거리로 끝날 수도 있었을 그 말이 어쩌다가 한 세기도 더 지난 지금까지 사람들 사이에서 회자될 정도로 유명해졌나요?

자료 3 영리한 말 한스와 그의 주인 빌헬름 폰 오스텐.

폰 오스텐은 자기 말이 충분히 배웠다는 판단이 서자 독일 전역을 돌아다니며 대중 앞에서 공연을 했고 큰 성공을 거뒀어요. 그의 명성은 독일 너머까지 퍼져 나갔죠. 프로이센의 교육부 장관과 작스-코부르그-고타 공작 그리고 저명한 동물학자들 앞에서 한스가 어려운 질문에 답을 하는 놀라운 광경을《뉴욕 타임스》의 베를린 특파원이 보도합니다. 그 자리에는 기욤2세 황제까지 있었다는 것 같아요!

한스는 어떤 식의 질문들을 받았나요?

예를 들자면, 한스는 월요일은 한 번 화요일은 두 번 하는 식으로 발굽을 사용해 바닥을 치면서 날짜를 헤아릴 수 있었어요. 더하기도 할 수 있었고, 시계도 볼 수 있었고, 전날 자기가 소개받았던 사람의 이름도 쓸 수 있었죠. 사실상 한스의 능력은 무한했다고 할까, 어쨌든 인간의 능력에 버금가는 것처럼 보였어요.

사람들은 의심하지 않고 곧이곧대로 믿었나요?

당연히 믿지 않았죠. 많은 사람들은 속임수가 있을 거라고 생각했어요. 주인이 말에게 몰래 신호를 보내서 대답할 것을 알려준다고 말이에요. 진상을 밝히기 위해서 조사 위원회가 구성됐는데, 여기에는 뛰어난 심리학자였던 카를 슈툼프(1848~1936)가 참여하였습니다. 폰 오스텐과 말 사이에 비밀스러운 의사소통이 이루어지는 것일 수도 있다는 가설을 확인해 보기 위해서 당연히 제일 먼저 해야 될 일은, 주인이 없는 상태에서 말에게 질문을 하는 것이었죠.

말이 대답을 못했을 것 같은데요.

아니요, 그렇지 않았어요. 주인이 없는데도 한스는 질문에 제대로 대답을 했어요.

슈툼프 위원회는 어떤 결론을 내렸나요?

위원회에서는 한스가 정말로 계산을 할 줄 아는 것 같다고 결론을 내렸어요. 하지만 카를 슈툼프 박사는 아주 명석한 사람이었죠. 그는 조사가 미진했다고 판단하고 자기 조수인 오스카 풍스트(1874~1934)에게 그 문제를 넘겼어요. 그래서 슈툼프 위원회에 이어서 풍스트 위원회가 만들어졌습니다. 풍스트 위원회는 더 체계적인 방식으로 조사를 진행했고, 마침내 진실을 찾아냈어요. 한스가 질문에 대답하려면 두 개 조건이 동시에 충족돼야 했습니다. 첫 번째는, 시험관이 대답을 알고 있어야 했어요. 두 번째는, 한스가 시험관을 볼 수 있어야 했고요.

그러니까 시험관과 말 사이에 신호가 오고 갔다는 건가요?

네. 여러분이 말한테 '7까지 세어 봐.'라고 했다고 가정해 봐요. 말은 발굽으로 땅을 차기 시작합니다. 말이 7에 접근하면 시험관인 여러분은 몸을 살짝 세우고 말이 7에 도달했을 때는 눈을 더 크게 뜰 거예요. 말은 이런 미미한 신체적 신호들을 알아채고 숫자 세기를 멈춥니다. 그것은 자기가 7에 도달했기 때문이 아니라 여러분이 이런 작은 움직임을 보일 때 땅 차기를 멈춰야 맛있는 당근을 얻어먹을 수 있다는 사실을 배웠기 때문이죠.

결국 속임수가 진짜로 있었다는 말이네요?

아니, 그렇지 않아요. 풍스트는 몸을 바로 세우고, 표정이 달라지는 이런 많은 움직임들이 시험관 쪽에서는 완전히 무의식적이고 비의도적으로 이루어졌다는 것을 증명했어요. 한스의 주인이었던 폰 오스텐은 사람들을 속이려는 의도가 전혀 없었다는 얘기죠!

그러니까 한스가 배웠던 것은, 시험관이 보내는 무의식적인 미세한 신호를 탐지하는 것이었군요. 그리고 그 신호들을 이용해서 대답했고요. 1900년에서 현재로 건너와서, 한스 이야기가 지금 우리에게 가르쳐 주는 것은 뭔가요?

한스는 심리학에서 '영리한 한스 효과'라고 부르는 중요한 효과에 이름을 남겼어요. 이것은 한 사람이 다른 사람에게 무의식적으로 정보를 전달해서 영향을 끼치는 것을 말하죠. 이 효과는 스스로 깨닫지 못하기 때문에 상당히 조심해야 해요. 영리한 한스 효과는 의학 연구에 지대한 영향을 미칩니다. 한 의사가 자신이 발명한 신약을 시험하는 상황을 한번 가정해 볼까요. 그는 기존 약과 신약 중에서 어느 쪽이 더 효과가 좋은지 알아보기 위해 환자들을 두 집단으로 나눠서 한쪽은 기존 약을 주고 다른 한쪽은 신약을 줍니다. 그리고 1년 뒤에 각각의 효과를 측정해 볼 거예요.

그런 경우 플라세보 효과를 조심해야죠!

그럼요. 의사는 환자들한테 기존 약을 처방했는지 신약을 처방했는지 절대 말하면 안 됩니다. 그렇게 하지 않을 경우, 신약 처방을 받은 환자들은 '좋았어, 신약을 처방 받았으니까 틀림없이 효과가 있을 거야!'라고 생각하고, 다른 환자들은 '이런, 나한테는 기존 약을 줬으니까 가망이 없어….'라고 생각할 우려가 있으니까요. 서로 다른 기대 때문에 신약이 더 효과가 있고, 그래서 1년 뒤에 더 좋은 결과를 낼 수도 있어요. 하지만 이 결과는 약의 질에 대해서는 사실상 알려주는 게 없습니다. 이게 바로 플라세보 효과라는 것이죠. 따라서 맹검 연구, 다시 말해서 환자가 자신이 어떤 약을 받았는지 모르도록 연구를 진행해야 합니다.

여기까지는 잘 알겠습니다. 그런데 우리의 영리한 말 한스는 맹검 연

구와 무슨 관계가 있나요?

이제부터 그 이야기를 하려고 해요. 환자도 자기가 어떤 약을 받았는지 몰라야 하지만 의사 역시 그것을 몰라야 합니다. 실제로 의사는 환자들에게 주는 약에 따라서 그들에게 미세하게 다른 신호를 보낼 가능성이 있어요. 예를 들어서, 신약을 처방한 환자 앞에서 의사는 속으로 이런 생각을 할 수도 있을 겁니다. '이 사람이 내가 만든 신약을 먹고 약이 잘 들어서 중요한 학술지에 논문도 발표하고 돈도 잔뜩 벌었으면 좋겠다.' 그래서 의사는 무심결에 환자와 더 힘을 줘서 악수를 하고, 미소도 달라지고, 말투도 변해요. 환자는 이런 기미를 알아채고 기운이 나서 이렇게 생각하죠. '의사가 아주 의욕이 넘치네. 처방한 약의 효과가 확실할 거라고 생각하나봐!' 그리고 이 생각은 플라세보 효과를 강화시킵니다.

한스와의 관련성을 좀 알 것 같네요.

앞의 예에서 의사는 본의 아니게 환자에게 약에 대한 정보를 전달해서 결과에 영향을 줍니다. 마찬가지로 폰 오스텐도 본의 아니게 한스에게 정보를 전달해서 녀석에게 어떻게 대답할지 알려 줬던 겁니다.

제약 연구에서 '영리한 한스 효과'를 피하려면 어떻게 해야 할까요?

이런 식의 제약 연구는 반드시 '이중 맹검'으로 진행해야 합니다. 환자도 의사도 어떤 약이 처방됐는지 모르게 말입니다. 이 부분에서는 우리가 한스에게 신세를 졌다고 할 수 있겠어요.

3장

남자의 뇌 vs 여자의 뇌

웬만한 신경 과학 도서라면 절대 피해갈 수 없는 중요한 질문이 하나 있습니다. 가을마다 나무에 단풍이 들듯 정기적으로 잡지 1면을 장식하는 '남자와 여자의 뇌는 동일한가?'라는 질문 말입니다. 검색창에 '남자 뇌, 여자 뇌, 차이'라고 쳐 보면 '남녀의 차이: 부인할 수 없는 현실'이라는 식의 글만큼이나 '남자와 여자의 뇌는 같다'라는 식의 글이 뜹니다. 뭐가 사실인가요?

남자와 여자의 뇌는 약간 다르게 조직돼 있지만 수행 능력은 거의 동일하다는 것이 포괄적인 대답이고 또 제 개인적인 생각이기도 합니다. 저는 이 질문에 대해서 직접 답을 하기보다는 이런 종류의 질문과 관련해서 부딪히게 되는 방법론과 해석의 문제들을 이 자리를 빌어서 짚어 보고 싶습니다. 상당한 논란을 불러일으켰던 2013년의 한 연구를 예로 들어볼까 해요.[4] 간단히 소개하자면, 연구자들은 8살에서 22살 사이의 남녀 반반으로 구성된 젊은이 1,000여 명을 대상으로 뇌 MRI를 찍었습니다. 그리고 MRI 'diffusion', 즉 뇌 확산 강조 영상을 이용해서 뇌 영역들의 연결 방식을 살펴봤습니다. 뇌 확산 강조 영상은 뇌 MRI의 기능 가운데 하나죠. 이 기술을 이용하면 뇌 영역들을 서로 연결해 주는 신경 다발인 백질의 구조에 대한 정보를 얻을 수 있어요.

연구자들은 뭘 발견했나요?

그들은 여자의 경우에 두 반구의 연결이 남자보다 더 발달돼 있다는 사실을 발견했어요. 남자의 경우에는 이와 반대로 한 반구 안에서의 영역 간 연결이 여자보다 더 발달돼 있고요(자료 4). 또 이와 같은 남녀의 차이가 유년기에는 거의 나타나지 않다가 십대에서 점점 커지고 성인이 되면 뚜렷해진다는 사실도 발견했습니다.

남녀의 뇌는 해부학적으로 차이가 있다는 얘기네요. 그 논문이 발표됐을 때 논란이 일었다고 하셨는데 어떤 반응들이 있었나요?

반응이 가지각색이었고 관점도 제각각이었어요. 한 극보수 사이트에서는 '과학 연구가 성 이론을 비웃다. 남자와 여자 사이에는 뉴런 상

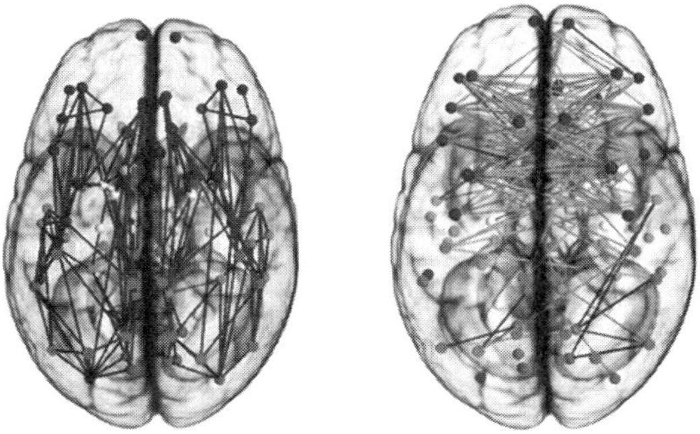

자료 4 한 반구 안에서 영역 간 연결은 남자가 여자보다 더 발달돼 있고(왼쪽 그림), 두 반구 간 연결은 여자가 남자보다 더 발달돼 있는 것으로 추정된다(오른쪽 그림). © Ingalhalikar et al., 2014.

의 차이가 존재하고 그들의 능력은 상호 보완적이라는 사실이 입증됐다.'라는 글이 올라왔어요. 다시 말해서, 남자와 여자의 사회적 역할 차이는 본성적으로 정해져 있고 타당하다는 의미죠. 그와 정반대쪽에서는 한 여성 시사 평론가가 공영 라디오에 나와서, 그 연구에서 부각된 남녀의 차이는 유년기에서 성인기로 이행되는 사이에 점진적으로 커진다는 점을 강조했습니다. 이 사실은 남녀의 차이가 순수한 교육의 산물임을 입증하는 것이라고 하면서 말이에요. 그 평론가는 결론으로 '여자는 태어나는 것이 아니라 만들어지는 것이다.'라는 시몬 드 보부아르의 말을 인용했어요. 앞의 극보수 사이트와 정확히 반대쪽에서 그 연구를 근거로 삼아 남녀의 사회적 역할 차이가 전적으로 문화적 · 임의적 현상이라고 결론을 내렸던 겁니다.

두 견해를 비판적으로 소개하시는 것을 보니 선생님께서는 어느 쪽에도 동의하지 않으시는 것 같네요?

사실 저는 한 캐나다인이 블로그에 올린 글이 더 마음에 들었어요. '연결 방식이 다른 남녀의 뇌(그러거나 말거나!)'라는 제목이 달려 있었는데, 이런 식의 자료는 신중하게 해석돼야 하며 특정 이데올로기를 지지하는 근거로 쓰이는 것은 적절치 않다는 내용이었죠.

연구 당사자들은 이런 남녀의 차이점을 어떻게 해석했나요?

신중하게 해석했어야 했는데 아쉽게도 그러지 않았어요. 그들은 논문에서 이런 해부학적 차이가 남녀의 엄청난 능력 차이와 정신적 상보성을 설명해 준다고 언급합니다. 그리고 남자의 뇌는 지각과 행동을 잘 조화시키게끔 조직돼 있고 여자의 뇌는 논리적 사유와 직관을 겸비하고 있다는 말로 논문을 끝맺습니다. 낡은 고정 관념이고 케케묵은 이야기죠! 이렇게 해서 그 연구자들은 언론과 대중 매체를 부추겨서 '미국의 훌륭한 학자들이 증명한 바에 따르면, 여자들은 직관적이고 남자들은 레슬링을 하기에 적합하다.'라는 식의 낡고 진부한 생각들을 퍼뜨리고 강화한 꼴이 돼 버렸어요.

선생님은 전반적인 상황에 대한 설명만 하시고 개인적인 생각은 밝히지 않으셨어요. 예를 들어서, 논문 저자들의 주장과는 달리 이 해

부학적 차이가 남녀의 정신적 차이를 설명해 주지 못하는 이유는 뭔가요?

어떤 차이요? 남자들은 논리적이고 여자들은 직관적이라는 차이요? 사실, 성과 관련된 정신적 차이는 크지도 않고 뚜렷하지도 않습니다. 그것은 아주 미미하고 입증하기도 굉장히 어려워요. 그나마 좀 밝혀진 것은, 머릿속에서 3차원 물체를 돌려볼 수 있는 능력이 필요한 작업에는 남자들이 약간 유리하다는 정도죠. 반대로, 여자들은 읽기 같은 언어적 작업에 약간 유리한 것 같고요. 하지만 이런 차이조차도 매우 불확실합니다. 예를 들어서, 몇 년 전에 엑스-마르세유 대학에서 했던 연구가 있는데, 피실험자들한테 복잡한 도형을 하나 보여주면서 잘 기억해 두라고 했어요. 그리고 얼마 뒤에 그 도형을 그림으로 그려보게 했죠.[5]

그래서 누가 더 잘했나요?

경우에 따라 달랐어요! 연구자들이 그것을 기하학 시험이라고 했을 때는 남자들이 더 나았어요. 반대로, 그림 시험이라고 했을 때는 여자들이 더 좋은 결과를 냈어요. 이것이 바로 고정 관념 효과라고 부르는 것인데, 이 효과 때문에 피실험자들은 사회적으로 합의된 인간상(남자들은 수학을 잘하고, 여자들은 예술 분야에서 더 뛰어나다)에 무의식적으로 순응하게 된 겁니다. 해부학적 차이가 정신적 차이를 설명해 준다고 주장하면서 자신들의 연구를 선전하는 것은 기만입니다. 이 정신적 차이가 뭔지도 모르면서 말이에요.

적어도 현재로서는 이런 백질의 해부학적 차이가 남녀의 정신적 차이와 확실하게 일치한다고 말할 수는 없겠네요. 하지만 가까운 시일 내에 더 분명한 뭔가를 발견할 가능성도 충분히 있지 싶습니다. 능력상의 어떤 차이와 해부학상의 어떤 차이가 실제로 연관성이 있다는 식으로요.

그럼요. 충분히 그럴 수 있죠. 하지만 그 경우에도 닭이 먼저냐 알이 먼저냐의 질문은 잊지 말아야 할 겁니다. 타고난 해부학적 차이 때문에 능력의 차이가 나타나는 것은 절대 아닙니다. 오히려 그 반대일 가능성이 높아요. 실제로 교육은 뇌의 해부학적 구조를 (약간) 바꿀 수 있다고 알려져 있어요(29장 〈런던의 택시 기사〉를 참고할 것). 예를 들어서, 우리가 읽는 법을 배울 때 글자를 식별하는 뇌의 시각 영역과, 이 글자들이 낱말 · 소리 · 의미로 변환되는 언어 영역 사이에 해부학적 연결이 증가한다는 사실이 증명됐습니다. 따라서 해부학적 차이가 곧 생물학적 필연성을 의미하지는 않습니다.

이제 한 걸음 뒤로 물러나서, 남녀의 차이뿐 아니라 두 집단 간의 차이에 대해서 포괄적으로 적용될 수 있는 질문을 하나 드리고자 합니다. 평균적 차이를 개체 차원에서는 어떻게 해석해야 할까요?

아주 중요한 문제를 지적해 주셨어요. 지능보다는 덜 민감한 주제인 체중을 예로 들어보죠(자료 5). 평균적으로 하마는 1.5톤으로 평균이 20그램 정도인 생쥐보다 무겁습니다. 하지만 이 평균적 차이만으로는 설명되지 않는 것들이 있어요. 평균적 차이 외에도 우리는 그 어떤 하마도 그 어떤 생쥐보다 무겁다는 것을 단언할 수 있습니다. 그것은 평균적 차이 때문이 아니라 두 종의 체중이 서로 겹치지 않기 때문이죠. 따라서 개체 차원에서 우리는 확실한 결론을 내릴 수 있어요. 즉, A가 하마이고 B가 생쥐일 때 A는 B보다 분명히 무겁습니다. 이제는 사람의 키를 예로 들어보죠. 여기에도 역시 평균적 차이가 존재합니다. 여자는 1.75미터이고 남자는 1.78미터예요. 그런데 하마와 생쥐랑 다르게 이 경우에는 겹치는 부분이 상당히 큽니다. 그래서 남

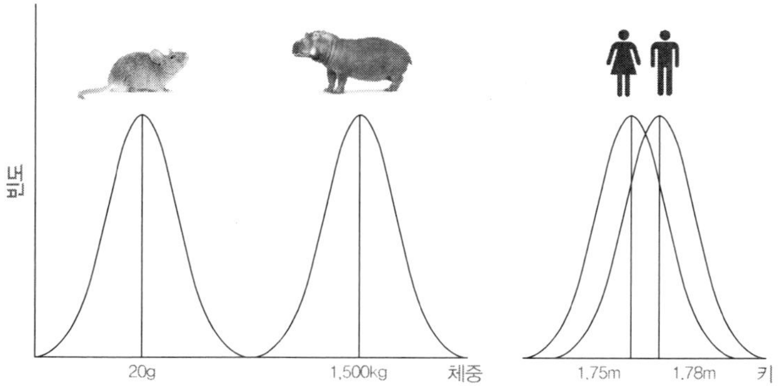

자료 5 생쥐의 체중은 10그램에서 30그램 사이며 평균 20그램이다. 하마의 체중은 1톤에서 2톤 사이다. 두 종은 체중이 겹치지 않는다. 따라서 개체 차원에서 생쥐는 무조건 하마보다 가볍다고 결론 내릴 수 있다. 그와 반대로, 여자와 남자의 키는 상당히 많이 겹친다. 따라서 평균은 다르지만 개체 차원에서는 어떤 결론도 내릴 수 없다.

자 한 명과 여자 한 명을 무작위로 골랐을 때 남자가 여자보다 클 확률은 1/2을 약간 넘습니다. 다시 말해서, 두 집단 사이에 겹치는 부분이 클 경우 그들의 평균적 차이는 개체 차원에서 거의 어떤 결론도 낼 수 없어요. 앞서 언급했던 논문에서 대두된 남녀의 해부학적 차이도 마찬가지입니다. 만약 영희가 철수보다 두 반구의 연결이 더 치밀하다고 말한다면 그 말이 맞을 확률은 1/2을 약간 넘는 정도밖에 되지 않아요.

4장

이러다 바보가 되는 것은 아닐까?

멈춰 버린 IQ

불안한 소식으로 이야기를 시작해야 할 것 같습니다. 많은 나라에서 20세기 내내 상승 곡선을 그렸던 평균 IQ가 상한점에 도달한 것 같아요. 다시 말해서, 평균 IQ가 다시 떨어지는 경향을 보이고 있습니다. 얼마 전에는 《과학과 생활》이라는 잡지가 '인간의 지능이 멈추다'라는 불안한 제목을 표제로 붙이기까지 했어요. 본론으로 들어가기에 앞서서 우선, 지능이 뭔가요?

지능은 일상 언어에서 사용되는 표현이라서 의미가 상당히 모호하고 유동적이에요. 우리는 개가 지능이 높다거나 전화기가 지능적으로 만들어졌다고 말하죠. 지능에 대해서는 저마다 직관적으로 정의를 내립니다. 새로운 상황에 적응하는 능력, 혹은 복잡한 문제를 푸는 능력, 다양한 상황들 간의 유사성을 찾아내는 능력, 또는 창의적 능력 등으로 말이죠. 하지만 지능을 학문적으로 다루기 위해서는 객관적인 측정 방법들을 동원해서 지능이라는 말의 의미를 명확히 규정하고 모호함을 줄여야 합니다.

그렇다면 지능은 엄밀하게 뭐라고 정의할 수 있을까요?

우리가 지능 테스트 혹은 IQ 테스트라고 부르는 것은 계산 능력, 어휘 능력, 문제 해결 능력, 기억력 등 일련의 다양한 테스트들을 하나로 모은 것입니다. 그런데 많은 사람들에게 이와 같은 한 벌의 테스트를 치르게 했더니 그 안에 포함된 모든 테스트의 결과가 상관관계가 있더란 것이죠. 다시 말해서, 한 테스트의 점수가 좋으면 나머지 테스트들도 점수가 좋은 경향이 있어요. 이것을 또 다르게 말하자면, 어떤 사람들은 대체로 테스트 점수가 다 좋고 어떤 사람들은 대체로 다 나쁜 경향이 있어요. 전체 테스트 간의 이 전반적 상관관계가 지능을 정의하는 근거입니다. 한 벌의 테스트를 통해서 나타나는 이 일반적 경향은 g요인(일반적이라는 뜻의 'general'에서 g만 따온 것)이라고 부르는 척도로 간단히 수치화시킬 수 있어요. 어떤 사람의 g값이 높으면 그것은 그 사람이 모든 테스트에서 평균적으로 점수가 좋다는 것을 의미합니다. 위의 질문으로 다시 돌아와서, 지능의 척도로서 g값을 사용하면 굉장히 편리해요. 솔직히 말해서, 지능을 정의하기도 편하죠.

하지만 개인 간의 차이를 g값이라는 수치 하나로 환원시킬 수는 없어요! 수학은 잘하지만 기억력이 나쁜 사람도 있고 맞춤법은 잘 아는데 음악을 못하는 사람도 있으니까요.

그럼요. 지적인 수행 능력은 당연히 g값으로 환원되지 않습니다. 모든 테스트에서 전반적으로 점수가 좋거나 전반적으로 점수가 나쁜 일반적 경향 외에도 여러 영역에서의 개인차가 여기에 추가됩니다. 예를 들자면, 여러분은 g값이 대체로 높거나 대체로 낮을 수 있고, 이 전반적 수준과는 별개로 특정 영역에서 더 유능하거나 덜 유능할 수 있어요.

IQ 테스트는 언제 만들어졌나요?

최초의 IQ 테스트는 20세기 초에 프랑스에서 비네와 시몽이라는 두 심리학자에 의해 개발됐습니다. 초등학교에서 학습 장애 아동을 찾아내기 위한 용도였죠.

단도직입적으로 묻겠습니다. 지능은 선천적인가요, 후천적인가요?

그 질문에 대해서는 막연한 대답밖에 할 수 없어요. 우리의 다른 능력들이 다 그렇듯이 지능 역시 선천적인 동시에 후천적이기 때문이죠. 하지만 이 일반론을 넘어서 유전과 환경의 지분을 수량화해 볼 수는 있습니다. 주된 방법은 쌍둥이들을 연구하는 거예요. 실제로는 쌍둥이들의 두 집단이 필요한데, 한 집단은 유전 형질이 동일한 '일란성' 쌍둥이고 다른 한 집단은 동시에 태어났지만 보통 형제들처럼 유전적으로는 다른 '이란성' 쌍둥이입니다. 이렇게 두 집단으로 나누고 일란성 쌍둥이들이 갖는 유사성의 정도와 이란성 쌍둥이들이 갖는 유사성의 정도를 측정하는 것이죠. 이를테면, IQ 테스트를 해서 일란성 쌍둥이와 이란성 쌍둥이들 사이의 유사성을 비교해 봅니다. 평균적으로 일란성 쌍둥이 둘이 이란성 쌍둥이 둘보다 더 닮았다면 이것은 유전이 모종의 역할을 한다는 뜻이겠죠. 사실 쌍둥이 간의 유사성은 공통된 교육과 유전 인자들이 함께 만들어 낸 결과예요. 이 연구들을 확인해 보면, 일란성이든 이란성이든 쌍둥이들은 함께 자랐습니다. 따라서 환경의 영향은 모두에게 동일하기 때문에 일란성 쌍둥이와 이란성 쌍둥이 간의 차이는 전적으로 유전의 결과일 수밖에 없어요. 이것은 수치로 표현할 수도 있는데, 이런 식의 연구들이 입증한 바에 따르면, 지능의 약 50%는 유전적 소인으로 결정되고 50%는 환경에 의해서 결정됩니다.

그 얘기는 '지능 유전자'를 찾아냈다는 뜻인가요?

아니요. 거기까지 가려면 아직 멀었습니다.[6] 실제로 상당히 많은 유전자가 지능에 개입하고 있다는 것은 분명한데 그것들이 미치는 영향은 미미해요. 그리고 그조차도 매우 간접적일 가능성이 높습니다.

극단적인 경우로, 여러분이 양배추 절임을 좋아하게 만드는 유전자를 갖고 있고, 영양학적으로 양배추 절임이 여러분을 똑똑하게 만들어준다고 가정해 보죠. 양배추 절임을 좋아하도록 만드는 유전자는 여러분의 지능에 영향을 미칠 테지만 그 효과가 매우 간접적이라는 것은 여러분도 수긍하실 겁니다. 더 진지하게 얘기하자면, 우리 뇌의 해부학적 구성은 유전될 확률이 아주 높습니다. 크기뿐만 아니라 형태와 두께, 주름, 각각의 뇌 영역까지 모두가 부모에게서 받은 유전자들에 강하게 종속돼 있어요.[7] 유전자들이 지능에 영향을 미치는 방식은 아마도 이처럼 간접적일 겁니다.

더 자세히 들어가서, 지능에 특히 중요한 뇌 영역들이 있나요?

한 영역만 중요하지는 않아요. 전두엽 · 측두엽 · 두정엽 영역들이 하나의 큰 망을 이루며 서로 연결돼 있는데, 연결성의 발달이 지능과 다소간 상관관계가 있는 것으로 입증됐습니다.[8]

죄송한 얘기지만, 저는 지금까지의 선생님 설명이 썩 만족스럽지 않네요. 속은 느낌이 들어서 말이죠. 제가 드린 첫 질문은 지능에 대한 정의였고, 지능은 인간의 심리적 · 정신적 · 인지적 자질이에요. 그런데 선생님께서는 g 요인 얘기만 하셨습니다. 그것은 통계상 척도이지 지능을 심리학적으로 설명해 줄 수 있는 것은 절대 아니죠. 저는 머리가 좋은 사람과 좋지 못한 사람을 구분하는 능력들이 어떤 것인지

여전히 모르겠습니다. 그리고 지능과 관련된 뇌 영역들에 대한 선생님의 대답도 도움이 안 돼요. 선생님은 특정 영역 하나를 딱 집어주지 않고 거의 모든 대뇌엽을 열거하면서 그것들이 연결돼 있다는 얘기만 하시니까요! 한마디로, 저는 여전히 지능의 '정체'가 막연하게 느껴집니다.

이해가 안 되는 데에는 두 가지 이유가 있을 겁니다. 저 역시 무지해서 교사로서 자질이 없는 것이거나, 그 이해 부족이 우리에게 지능의 정체에 대해서 뭔가 심오한 것을 말해주고 있거나. 당연히 저는 두 번째 이유가 마음에 들어요. 우리는 g요인에 근거해서 지능을 정의하는 방법을 택했지만 그 방법만 있는 것은 아닙니다. 예를 들자면, 우리는 지능을 추론과 관련된 명확한 정신 기능으로 간주할 수도 있었을 거예요. 그런데 그렇게 하지 않았을 뿐이죠. 어쨌거나 우리가 g요인에 근거해서 정의했던 지능은 각 개인의 고유한 특성을 나타내기는 하지만 이 특성이 명확한 지적 능력을 가리키는 것은 아닙니다.

각 개인의 '고유한 특성'을 뭐라고 부르나요?

속성이라고 합니다. 그것은 키나 눈 색깔처럼 고유하고 일생동안 크게 변하지 않는 것이죠. 하지만 키에 비유한다고 해서 이 말을 곧이곧대로 받아들여서는 안 돼요. 21세기에 파리에서 자란 남자의 키와

1930년에 아마존 정글에서 자란 남자의 키는 비교할 수 있지만 그들의 IQ를 비교하는 것은 의미가 없어요. IQ 테스트는 서구에서 자란 현대인들을 위해서 고안된 일종의 학업 시험이고, 테스트를 치를 수 있는 능력은 숙달된 읽기 · 학교 교육 · 출신 문화 등에 따라서 상당히 달라지죠. 집단이나 개인들 간에 IQ를 비교하려는 모든 시도들은 이 점을 반드시 고려해야 됩니다. 이것을 염두에 두고서 이제 여러분에게 2004년에 스코틀랜드에서 발표된 연구를 하나 소개할까 합니다(제 동료인 프랭크 라뮈는 자신의 인터넷 사이트에 이 연구에 대한 흥미로운 분석을 올려놨습니다).[9] 이 연구의 기원은 20세기 초로 거슬러 올라갑니다.[10] 1931년에 스코틀랜드 교육 당국은 스코틀랜드 어린이들의 지적 능력을 평가하기로 합니다. 그들은 표본 조사 대신에 초등학생 전체를 대상으로 IQ 테스트를 실시했습니다. 1932년 6월 1일 수요일 하루 동안 테스트가 치러졌죠. 어린이 약 80,000명이 평가를 받았습니다. 1997년부터 에든버러 대학과 애버딘 대학의 심리학자들은 이 연구에 참여했던 어린이들 가운데 생존해 있는 사람들을 최대한 찾아낸 뒤, 그중에서 1921년 출생자 약 500명을 대상으로 1932년의 IQ 테스트와 동일한 테스트를 치르게 했죠. 지능 테스트가 만 11살과 80살에 치러졌기 때문에 IQ가 그 기간 동안 안정성을 유지하는지를 이것으로 평가할 수 있었습니다. 놀랍게도 유년기의 측정치와 80살의 측정치 사이에 강한 상관관계가 있다는 결과가 도출됐어요(자료 6). 1932년에 IQ가 가장 높았던 사람들은 60년 이상이 지난 뒤에도 여전히 그 IQ를 유지하고 있었고 그 반대도 마찬가지였어요. 모든 생물학적 현상이 그렇듯이 물론 100%는 아니었죠. 통계학 용어를 빌자면, 연구자들은 약 50%에 해당하는 R^2를 얻었습니다. R^2는 11살 때의 IQ와 80살 때의 IQ 사이에 존재하는 상관관계의 정도를 표시해 주는 척도인데, 50%의 R^2 값은 11살 때 IQ를 알면 80살 때의 IQ도 '반쯤' 예측할 수 있다는 뜻입니다. 살아가는 동안 질병, 교육, 성등의 여러 요인들에 의해서 IQ가 더 좋게 혹은 더 나쁘게 변한 경우도 있었는데, 여기에 대해서는 아직 자세히 밝혀진 바가 없습니다. 아무튼 IQ가 안정성을 강하게 유지한다는 사실이 확인됐고, 이것으로 보아 IQ는 개인의 안정적이고 '고유한 특성'을 측정하는 것임을 알 수 있죠.

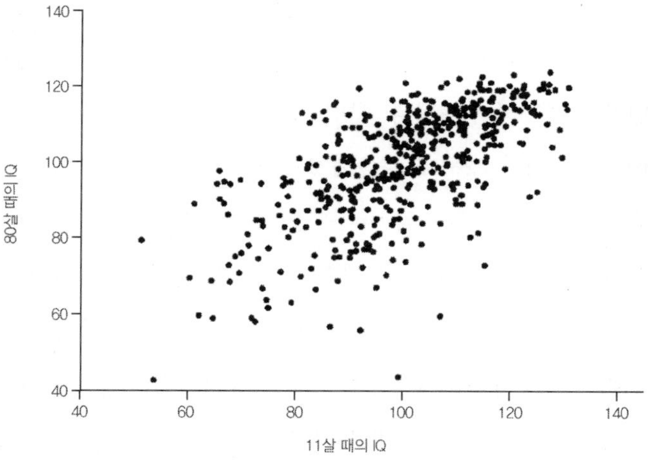

자료 6 점 하나는 사람 한 명을 표시한다. 11살에 측정된 IQ와 그로부터 정확히 60년 뒤인 80살에 측정된 IQ는 강한 상관관계를 보인다. © Deary et al., 2004.

좋습니다. 하지만 이 고유한 특성을 지적 능력으로만 설명할 수는 없다는 말씀도 하셨는데요.

설명해 보려는 시도는 했어요! 지능이란 단지 두뇌를 빠르게 회전시키는 능력이다, 지금 하고 있는 일에 주의를 집중하는 능력이다, 동시에 여러 정보를 다룰 수 있는 능력이다 등등 사람들은 지능에 대해서 다양한 말들을 했습니다. g요인으로 측정된 지능을 놓고 제시된 이런 해석들은 부분적으로는 맞지만 어떤 것도 완벽하지는 않아요. 이를테면, 빠른 두뇌 회전이 지능과 상관관계가 있는 것은 맞는데, 지능 지수가 높다면 시간 제한이 없는 작업도 마찬가지로 더 잘할 겁니다.

지능은 이 모든 것을 다 가리키지만 이조차도 분명한 것은 아니라는 말씀이군요. 너무 애매하네요.

지능에 영향을 미치는 일반 요인들로 돌아가 봅시다. 여러분이 '지능에 유리한' 유전자를 갖고 있다고 상상해 보세요. 첫 번째 단계로, 이 유전자는 여러분의 성장 과정에서 뇌 영역들이 만들어질 때 분명히 영향을 줄 겁니다. 뇌의 한 영역이 아니라 여러 영역에 말이에요. 두 번째 단계로, 이 뇌 영역들은 각자 다양한 지적 기능에 개입할 겁니다. 예를 들자면, 언어와 행동 또는 기억과 공감 같은 지적 기능들이겠죠. 세 번째 단계에서, 이 기능들은 한 벌의 IQ 테스트 안에 들어

있는 하위 테스트들에서 일정 역할을 할 겁니다. 따라서 이 세 가지 이유 때문에 '지능에 유리한' 유전자는 지적 기능에 다양한 방식으로 영향을 주게 되죠. 하나의 명확한 정신 기능으로 설명할 수 없는 전반적 상관관계를 형성하면서 말이에요. 이런 추론은 유전학에만 한정되지 않습니다. 이것은 환경과도 관련이 있어요. 예를 들어서, 임신 기간에 감염이나 산소 결핍 등으로 태아의 뇌가 타격을 받으면 경우에 따라서는 우리가 앞에서 정의했던 지능에까지 영향이 미칠 수 있습니다. 모든 종류의 테스트에서 좋은 점수를 받거나 나쁜 점수를 받는 일반적 경향으로서의 지능에 말이죠.

처음 질문으로 돌아가 볼까 합니다. 지능이 20세기에는 올라가다가 이제는 정체되고 있다는 게 사실인가요?

여러분이 반드시 알아야 할 사실이 있는데, IQ 테스트는 특정 시점을 기준으로 모집단의 평균 점수가 정확히 100이 되게끔 고안돼 있어요. 그래서 평균적으로 봤을 때, 모든 시기에 IQ 평균은 구조상 항상 100입니다. 한 시기의 IQ를 다른 시기의 IQ와 비교하기 위해서는 예전의 테스트, 말하자면 1930년에 치러졌던 IQ 테스트를 다시 사용해서 그 당시와 똑같은 방법으로 현재의 평균 점수를 매겨야 하죠. 실제로 이런 연구들이 있었는데, IQ 테스트 점수는 20세기 내내 올라갔습니다. 한 세기에 걸친 이와 같은 IQ 상승은 이 현상을 설명하고 연구했던 연구자의 이름을 따서 '플린 효과'라고 알려져 있어요. 사람들은 다양한 원인으로 이 현상을 설명해 보려고 했습니다. 이것을 유전적 진화의 결과라고 볼 수는 없는데, 진화는 매우 느려서 이렇게 빠른 변화를 설명할 수 없기 때문이에요. 이 현상에 대한 설명들 가운데는 교육의 발달, 영양 섭취의 변화, 다양한 문화적 발달, 감염의 감소 같은 것들이 있고, IQ 테스트에 대해서 더 친숙해졌다는 점도 당연히 고려됩니다.

IQ 상승이 멈추는 기미가 보인다는 사실에 대해서 우리가 걱정해야 될까요?

우선, 이런 정체는 일부 선진국에만 해당됩니다. 그리고 잘 생각해 보면 오히려 좋은 소식 같기도 해요. 사실 이것은 플린 효과를 설명하기 위해서 거론됐던 요인들(교육, 건강, 영양 섭취…)이 지속적으로 향상됐고, 그 결과 IQ가 적절하고 안정된 상태에 도달해서 적어도 당분간은 더 향상될 필요가 없는 정도가 됐음을 의미하는 것일지도 모르죠.

2부

우리는 환각의 세계만을 본다

'눈은 마음의 창'이라고들 합니다. 즉, 눈은 감정과 생각과 관심에 대해서 요컨대 마음과 마음의 움직임에 대해서 많은 것을 드러내 보여준다는 뜻이죠. 하지만 이 은유에 한마디 부언하자면, 창문은 행인이 거주자의 사생활을 엿보기 위해서 사용된다기보다 거주자가 길을 내다보는 데 사용됩니다. 다시 말해서, 눈은 우리의 정신, 아니, 우리의 뇌가 우리 주변의 세상에 대한 정보를 받아들이는 채광창이라는 것입니다. 창문이기보다는 채광창이고, 채광창이기보다는 구멍이죠. 사실상 눈이라는 창문은 아주 좁아요. 우리는 마치 탁 트인 완벽한 전경 속에 들어와 있는 것처럼 느낍니다. 이 3차원의 전경은 다채롭게 움직여요. 그리고 시간의 흐름 속에서 변화하기도 하고 지속되기도 합니다.

만약 아침에 잠을 깼는데 머리맡에 등 하나만 켜져 있고 불빛에 비치는 건 아무것도 없이, 어둡고 긴 구렁 속에 빠진 것처럼 사방이 캄캄하다고 상상해 보세요. 정말 놀라고 무섭겠죠! 그런데 조금 뒤에 등불이 꺼지고 주변이 칠흑처럼 어두워집니다. 그리고 문득 금속 열쇠가 눈앞에 나타나요. 열쇠는 어디에 있는 걸까요? 등이 놓여 있던 탁자에 있는 걸까요, 바닥에 떨어져 있는 걸까요, 아니면 벽에 걸려 있는 걸까요? 등불은 순식간에 꺼져버려서 등이 어디 있는지도 모르겠고 탁자와 벽도 보이지 않는데, 표지가 될 만한 건 아무것도 없는 어둠 속에서 방향조차 가늠할 수 없습니다. 이 악몽은 12장에서 설명할 동시 실인증이라는 신경 증상과도 관련이 있지만, 여기서는 눈이 작은 창문과 얼마나 유사한지 느껴 보자는 의미에서 상상해 봤습니다.

사실 우리는 매 순간 우리가 응시하는 지점 주위, 즉 시야의 중심부만 또렷하게 볼 수 있습니다. 조금만 주변으로 가도 모든 게 흐릿해지고 색깔은 흑백으로 변하며 더 주변부로 나가면 우리 시야는 까매지는 게 아니라 무(無)의 상태가 돼요. 여러분은 머리 뒤로 뭐가 보이세요? 까맣게 보이는 게 아니라 '무'예요. 아무것도 없으니까 우리가 못 보고 놓칠 것도 없죠. 말하자면, 우리는 캄캄한 세상 속에서 희미한 횃불 하나에 의지해 살고 있는 셈입니다. 게다가 이 불빛은 켜졌다 꺼지기를 반복하면서 계속 깜박입니다. 우리 시선이 한 장소에서 다른 장소로 이동할 때, 우리 눈이 한 지점에서 다른 지점으로 움직일 때, 1초에 여러 번 우리 눈은 완전히 멀어 버립니다. 시선이 잠깐 멈추는 동안에만 우리의 뇌는 주변 정보들을 받아들입니다. 하지만 우리는 그것을 느끼지 못해요.

제 얘기가 너무 불안하고 막연했나요? 제가 이렇게 은유적으로 얘기를 한 이유는, 우리가 사는 이 세상이 충만하고 다채

로우며 연속적이고 체계적인 것처럼 보이지만 사실은 거대한 환각이라는 사실을 여러분에게 주지시키고 싶어서였습니다. 이 세상은 우리의 뇌가 만들어 내는 꿈 같은 것이죠. 다행히 이 거대한 환각은 우리에게 대단히 유용해요. 실제로 이 꿈은 현실과 잘 부합해서, 우리가 이 현실 세계 속에서 적절히 살아나갈 수 있게 도와줍니다. 불안하고 서정적인 분위기는 이쯤 해서 접고 다음 2부에서는 매우 유익한 몇 가지 시각적 환각들을 좀 더 평범한 방식으로 살펴보도록 하겠습니다.

5장

빛과 그림자

사람과 사물에는 분신이 있어요. 바로 그림자죠. 그림자는 그들과 닮았고, 어디든지 따라다니며, 손으로 만질 수 없고, 계속 모양이 변합니다. 그림자는 우리의 문화와 언어 속에도 은밀하게 편재하고 있어요. 이를테면, '유혹의 그림자'라든가, '앞날에 어두운 그림자가 드리우다', '그림자조차 찾을 수 없다' 같은 표현들이 있습니다. 하지만 지금은 그림자의 기본적인 특성을 인지 심리학자의 관점에서 살펴봤으면 해요. 물리학자는 광원, 광원이 비추는 표면들, 그리고 빛을 가리는 물체들을 보고 그림자의 형태를 예측합니다. 반면에 심리학자 또는 신경 심리학자나 신경 과학자(거의 같은 의미이지만)에게는, 우리가 들어와 있는 이 세계를 해석하기 위해서 우리 뇌가 주변의 그림자들을 어떻게 탐지하고 이용하는지를 이해하는 것이 중요한 문제가 아닐

까 싶습니다. 물론 그림자는 햇빛으로부터 우리를 보호해주기 때문에 그 자체로도 유용한 '사물'이지만 무엇보다 우리 주변의 물체에 관해서 알려주죠.

먼저 간단한 실험을 해볼까 해요. 이 빨간 연필을 햇빛이 비추는 곳에 놨다가 그늘 안으로 옮겨 보겠습니다. 햇빛이 비치는 곳에서 연필은 우리 눈에 선명한 빨간빛을 보냈어요. 하지만 그늘 안으로 옮겼을 때는 햇빛을 덜 받아서 우리 눈에 훨씬 약한 빛만 보냈어요. 우리 눈이 연필로부터 받아들인 빛의 변화를 해석하는 방법은 기본적으로 두 가지입니다. 연필이 실제로 색을 바꿨든지, 연필은 그대로인데 주변의 빛이 바뀌었든지.

연필은 당연히 변하지 않았죠. 연필이 카멜레온도 아닌데요.

그렇죠. 하지만 가끔은 다른 설명이 맞을 때도 있어요. 물체의 색깔이 바뀌고 주변 조명은 그대로인 경우도 실제로 있으니까요. 창피해서 얼굴이 붉어진다든지, 신호등이 초록색에서 빨간색으로 바뀐다든지. 그런데 여기에서 핵심은, 우리 뇌가 그것을 선별할 수 있다는 겁니다. 즉, 우리 뇌는 물체로부터 받아들이는 빛이 변할 때 변한 것이 물체인지 주변의 조명인지를 판단할 수 있어요. 이 능력은 대단히 유용합니다. 여러분이 아침에 토스트를 굽고 있다면 빵 색깔이 실제로 변하는지를 제대로 인지해서 제때 불을 꺼야 해요. '어휴, 빵이 까매

졌네. 구름이 해를 가렸나봐.'라고 생각하면 안 되죠.

물체의 색이 어두워지는 것과 빛이 어두워지는 것을 어떻게 구분할 수 있죠?

설명하자면 길지만 원칙은 간단합니다. 조명의 변화는 광경 전체에 동일하게 영향을 미치는데 물체가 변화한 경우에는 물체만 변해요. 그래서 자기 주변의 모든 물체와 구별됩니다. 우리의 시각 체계가 감지하는 것은 바로 이 독립적 변화이고, 이에 근거해서 빛이 아니라 물체가 변했다는 것을 알아내죠.

이제 그림자에 대한 질문으로 돌아올 수 있겠네요. 그림자는 조명이 물체의 외관에 끼치는 영향을 보여주는 완벽한 예라고 할 수 있습니다. 선생님께서는 시각적 환각을 가지고 이것을 설명하시려는 것 같군요(자료 7).

이 예시는 제가 알고 있는 것들 가운데 가장 강력한 환각이에요. 여러분이 보고 있는 이 체스판에는 A라고 표시된 검은 칸과 B라고 표시된 흰 칸이 있습니다. 그런데 이 두 네모 칸의 색깔은 정확히 똑같아요. 여러분은 절대 수긍하지 못할 거예요. 두 칸의 색깔은 누가 뭐래도 달라 보이니까요.

두 칸의 명암이 같다니 믿을 수가 없네요!

하지만 이것은 사실이고 쉽게 증명할 수 있어요. 책에서 그림을 잘라내서 두 네모 칸을 나란히 놓아보면 금방 알 수 있죠. 하지만 그럴 수는 없으니까 여러분 대신에 제가 했습니다. 그림을 잘라서 A칸과 B칸을 확대했어요. 그리고 여러분이 보시다시피 둘을 나란히 놓으니까 회색 명암이 똑같아요(자료 8).

좋습니다. 선생님이 설마 속임수를 쓰지는 않으셨겠죠. 그런데 두 네모 칸이 체스판 안에 들어있을 때는 왜 다르게 느껴질까요?

자료 7 믿거나 말거나, A칸과 B칸의 색깔은 '객관적으로' 정확히 동일하다. © E.H. Adelson, 1995.

조금 전의 주제로 다시 돌아와 볼까요. 우리의 시각 체계는 물체들이 우리에게 보내는 빛에 따라 모든 것을 고려할 수밖에 없는데, 빛은 물체의 실제 속성에 의한 게 있고 조명의 특성에 의한 게 있습니다. 이 문제를 해결하기 위해서는 각각의 물체 위에서 벌어지는 상황뿐만 아니라 풍경 전체의 상황까지 고려하지 않을 수 없어요.

원통이 체스판 위로 드리우고 있는 그림자는 환각을 일으키는 데 있어서 어떤 역할을 하나요?

핵심적인 역할을 합니다! 이 그림자가 없다면 환각은 일어나지 않을

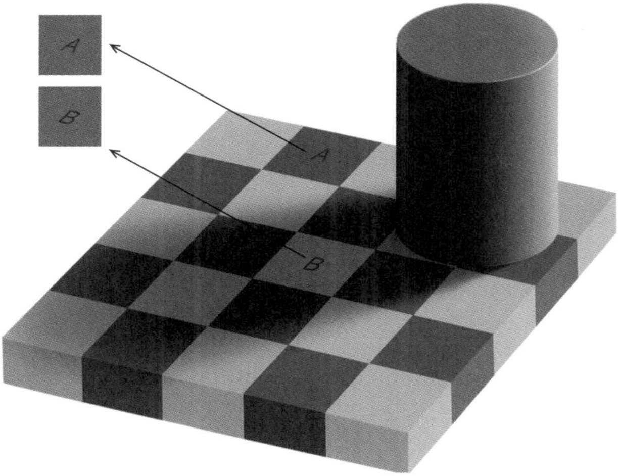

자료 8 그림에서 잘라낸 A칸과 B칸의 색깔은 정확히 동일하다. © E.H. Adelson, 1995.

거예요. 하지만 먼저, 체스판을 가로지르는 이 거무스레한 자국이 커피 얼룩이 아니라 그림자라는 것을 어떻게 알 수 있을까요? 여러 가지 표지가 있어요. 우선, 그림자 가장자리가 흐릿하고, 그림자에서 빛으로 점진적으로 변화합니다. 질료로 이루어진 물체는 이와 반대로, 경계가 일반적으로 선명하죠. 게다가 뇌는 세상을 개별적 물체들로 재단할 때 외관상의 점진적 변화는 무시합니다. 그것은 물체의 경계와 일치하지 않기 때문이에요. 거무스레한 자국의 가장자리가 평행을 이루고 있다는 사실은 그림자의 특성을 보여주는 표지입니다. 햇빛 아래서 생기는 그림자들은 모두 그렇죠. 또 하나의 표지는, 네모 칸이 까맣든 하얗든, 어두운 부분이 모든 네모 칸에 똑같은 식으로 드리워지고 있다는 점입니다. 마치 네모 칸들 사이에 경계가 없는 것처럼 말이에요. 이것 역시 그림자의 특성입니다. 그림자는 그것이 드리워지는 물체와 물체의 경계에 아무 영향도 주지 않아요.

그리고 원통이 그림자를 드리우고 있는 게 보이니까 그게 그림자라는 것을 알 수 있죠!

맞아요. 하지만 그것은 별로 중요하지 않습니다. 똑같은 그림에서 원통을 뺀 경우에도 환각은 일어나요. 그림자를 드리우는 물체가 보이지 않아도 우리는 그림자를 알아볼 수 있거든요.

좋습니다. 하지만 이 그림자가 어떻게 네모 칸의 환각을 일으키나요?

이 부분은 그림자이기 때문에 그림자 안에 들어있는 네모 칸은 겉으로 보이는 것보다 '실제로는' 더 밝을 테고, 빛을 받고 있는 네모 칸은 겉으로 보이는 것보다 '실제로는' 더 어두울 거라고 우리가 생각하기 때문입니다. 한마디로, 우리 앞에 회색 얼룩 두 개가 있는데 이것들의 명도는 객관적으로 동일하지만 하나는 빛을 많이 받고 있는 검은 칸이고 다른 하나는 빛을 거의 받지 못하고 있는 흰 칸이라고 보는 거예요. 그림자에 대한 이런 모든 계산들은 즉각적이고 무의식적으로 일어나죠. 그리고 우리의 시각 체계가 우리에게 말하는 것, 다시 말해서 우리의 의식까지 오는 것은 이런 계산이 아니라 우리를 둘러싸고 있는 현실에 대한 다음과 같은 결론입니다. '현실이 내 눈에 보내주고 있는 이 회색 얼룩들은 흰 네모 칸과 검은 네모 칸이다.'

그림자의 역할에 대해서는 잘 알겠습니다. 체스판이 아닌 다른 소재를 사용해도 여전히 환각이 일어날까요?

장담하기는 어려워요. 사실 체스판은, 그림자와 별개로, (검은) A칸들과 (흰) B칸들의 '실제' 색깔에 대해 몇 가지 부수적인 표지를 우리에게 제공해 줍니다. 체스판의 구조는 A칸이 자기보다 밝은 칸들로 둘러싸이고, B칸은 자기보다 어두운 칸들로 둘러싸이게끔 돼 있어요. 이 상대적 대비는 절대적 대비처럼 해석되죠. 우리 뇌는 A칸이 자기 주변의 칸들보다 어둡고 따라서 A칸은 절대적으로 어둡다고 생각합니다.* 또한 B칸은 자기 주변의 칸들보다 밝고 따라서 B칸은 절대적으로 밝은 칸이라고 생각합니다. 게다가 우리는 체스판의 일정한 규칙을 감지해서 체스판의 칸들을 밝은색 칸과 어두운 색 칸으로 재분류하죠.

그러니까 이 환각은 우리 시각 체계의 실패작처럼 보이기도 하지만 사실은 시각 체계가 우리에게 주변의 세상에 대해서 가능한 한 충실하게 정보를 전달하기 위해서 어떤 식으로 작동하고 있는가를 설명해 주네요.

정확하게 말씀해 주셨어요. 만약 제가 숲에 사는 원숭이라면 과일 껍질만 보고도 익은 열매와 설익은 열매를 구별할 수 있으면 좋겠다고 생각할 겁니다. 아침이든 저녁이든, 열매가 그늘에 있든 햇빛 아래 있든 말이에요. 앞에서 설명했던 연필의 경우와 마찬가지로, 시시각

---

* 상대적 가치를 절대적 가치로 간주하는 이런 경향은 색깔 지각과는 무관한 분야에서도 나타납니다. 특히 돈과 관련된 결정을 해야 할 때 그렇죠. 예를 들어 달라고요? 여러분이 자동차를 산다고 하면 자동차 판매원은 여러분에게 세 종류의 차를 보여 줄 겁니다. 하나는 1,000만 원대의 시시한 소형차, 다른 하나는 5,000만 원대의 가족용 자동차, 나머지 하나는 3,000만 원대의 가족용 자동차. 소형차의 역할은 더 비싼 가격대의 차를 찾고 싶게끔 여러분을 자극하는 것입니다. 5,000만 원대 차는 여러분에게 경제적으로 부담스러운 한계점의 역할을 하는 것이고요. 3,000만 원대의 차로 말하자면 앞의 경우보다 상당히 싼 것처럼 보이죠. 그래서 여러분은 상대적으로 '덜 비싼' 이 가격을 절대적으로 '싼' 가격으로 생각합니다. 오호, 걸려들었군! 여러분은 3,000만 원대의 자동차를 삽니다. 그 가격도 실은 비싼데 말이에요.

각 변하는 주변 빛과 무관하게 열매 껍질의 진짜 모습에 대한 정보를 뇌에서 받고 싶은 것이죠.[11] 다음 장에서 빛과 색 그리고 뇌 사이에서 일어나는 이상한 일을 하나만 더 살펴보기로 하겠습니다.

6장

흰 원피스일까, 파란 원피스일까?

얼마 전에 신문 1면을 장식하고 인터넷을 도배했던 사진이 한 장 있었어요. 어떤 사람들 눈에는 흰색으로 보이고 또 어떤 사람들 눈에는 파란색으로 보이는 유명한 원피스 사진이었는데, 정말 불가사의했죠. 대중 매체에서 화제가 됐던 이 현상을 과학적인 관점에서 분석해 주셨으면 합니다.

기억을 되살릴 겸, 그 유명한 사진을 잠깐 보고 이야기를 시작하기로 하죠(자료 9). 보시다시피 원피스는 두 가지 색으로 돼 있는데, 금색 레이스가 달린 흰색 옷으로 보이기도 하고 검은색 레이스가 달린 파란색 옷으로 보이기도 합니다.

선생님 눈에는 어떻게 보이세요? 그리고 옷 색깔이 다르게 보인다는 이 사실에 대해서 선생님께서는 어떻게 반응하셨나요?

제가 보기에는 두말할 것도 없이 흰색 · 금색 원피스였어요. 솔직히 말씀드리자면, 다른 사람들이 이 옷을 다르게 본다는 사실이 이해가 안 되더라고요. 일단 제 눈에는 두 색깔이 분명하게 보였고, 또 보편적으로 사람들은 (색맹은 빼더라도…) 사물의 색깔을 동일하게 보니까요! 여러분이 빨간 사과나 파란 펜을 달라고 하는데 판매원이 다른 색깔의 사과나 펜을 주지는 않죠. 우리의 시각 체계는 매우 유사하게 작동해서 이런 식의 불일치는 일어나지 않습니다. 그런데 인터넷상의 원피스 하나가 그것을 부정한 셈이잖아요?

자료 9 흰색 · 금색일까, 파란색 · 검은색일까? 사람마다 의견이 다르다. © Cecilia Bleasdale, 2015.

그런데 지금은 생각이 바뀌신 것 같은데요?

네. 우선, 옷의 색깔에 대해서 사람들의 의견은 실제로 일치하지 않아요. 연구자들이 1,400명에게 사진을 보여주면서 '이것은 ____색과 ____색으로 된 옷이다.'라는 문장을 완성해 달라고 했습니다.[12] 그러자 거의 절반에 가까운 사람들이 이것을 파란색 · 검은색으로 봤고, 1/3은 흰색 · 금색으로 봤으며, 다른 식의 조합으로 지각한 사람들도 소수 있었어요(특히 파란색과 밤색).

일단 한쪽으로 지각됐다면 이것은 변하지 않는 건가요, 아니면 다르게 보일 수도 있는 건가요?

이 사진을 자꾸 보다 보면 해석이 바뀔 수도 있어요. 이것을 소위 쌍안정 지각이라고 합니다. 쌍안정이란, 뇌가 두 해석 가운데 하나를 계속해서 다시 선택하는 것을 의미해요. 때로는 해석이 바뀌더라도 말이죠. 쌍안정 지각의 고전적인 예는 '네커입방체'인데 이것은 어떨 때는 오른쪽 위에서 내려다보는 것처럼 보이고 어떨 때는 왼쪽 아래에서 올려다보는 것처럼 보입니다(자료 10).

우리가 이 원피스를 모두 똑같은 색깔로 지각하지 않는다는 것은 사실인데, 혹시 컴퓨터 화면의 문제는 아닐까요?

모니터의 선택, 화면 조정, 바라보는 각도, 사진의 화질은 분명히 다 중요하지만 이 요인들을 통제해도 여전히 어떤 사람들은 이것을 흰색으로 보고 또 어떤 사람들은 파란색으로 봅니다.

그렇다면 이 현상을 근본적으로 어떻게 설명해야 하나요?

앞 장에서 말씀드렸다시피, 숲에 사는 원숭이는 과일이 익었는지 아닌지를 알아야 해요. 그런데 그게 쉽지 않습니다. 과일은 태양의 빛에 따라서 원숭이의 눈에 다른 빛을 보내기 때문이죠. 원숭이의 뇌는 매 순간 바뀌는 주변 빛과 무관하게 과일 표면의 진짜 모습을 원숭이에게 알려 줘야 합니다. 따라서 물체의 '진짜' 색깔을 결정하기 위해서 (어렵기는 하지만) 뇌는 주변의 빛을 무시하죠.

한 물체의 색깔을 분명하게 알기 위해서는 그 장면을 밝혀주고 있는 빛을 당연히 고려할 수밖에 없을 것 같습니다. 우리가 보는 것은 물

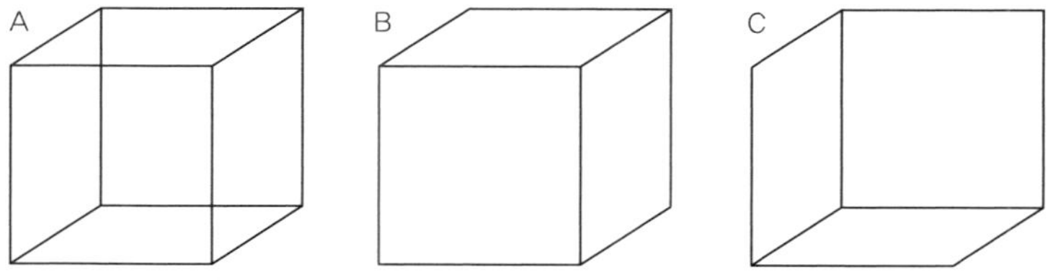

자료 10 쌍안정 지각의 예. 이 도형(A)은 위에서 내려다본 입방체(B)로도 보이고 밑에서 올려다본 입방체(C)로도 보인다.

체들이 우리에게 보내주는 빛밖에 없어요. 그런데 물체들을 고려하지 않고 어떻게 빛의 특성들을 알 수 있죠? 주객이 전도된 셈이네요!

맞습니다. 주변 빛에 대해서 알기 위해서는 우리는 각각의 물체에서 개별적으로 일어나고 있는 일이 아니라 전체 장면 안에서 일어나고 있는 일을 고려해야 합니다. 만약 앞에 있는 모든 물체가 어둡고 불그스레하다면 우리는 희미한 붉은 빛 아래 있는 게 틀림없어요. 물체 표면이 실제로 어떤지 알기 위해서는 이 점을 고려해야 하죠.

일단 원리는 알겠습니다. 다시 원피스로 돌아가 보죠. 이 옷의 어떤 점이 색깔을 불확실하게 만드나요?

이 사진의 특별한 점은 색깔이 이중적으로 불확실하다는 겁니다. 우선 옷이 속해 있는 장면, 다시 말해서 주변 환경은 거의 보이지 않고 옷만 보이죠. 빛은 햇빛일까요, 사무실 불빛일까요? 옷은 그늘 속에 들어가 있을까요, 햇빛을 받고 있을까요? 또 기준으로 삼을 만한 물체도 없습니다. 예를 들어서, 얼굴이 보인다면 우리는 얼굴이 실제로 어떤 색깔인지 알기 때문에 얼굴을 기준으로 옷에 대한 우리의 지각을 검토할 수 있어요.

사진이 실제로 어떤 조명 속에서 찍혔는지 알려줄 수 있는 분명한 표지가 옷 주위에 있으면 옷 색깔이 확실해지겠네요.

맞습니다. 그래서 연구자들이 그렇게 해봤어요(자료 11). 왼쪽에는 옷이 전체적으로 새파란 조명 속에 들어가 있습니다. 이 경우에 옷의 파란빛은 주변의 빛 때문이지 옷 자체의 색깔이 아닙니다. 그래서 모든 사람의 눈에 옷은 흰색 · 금색으로 지각됩니다. 반대로 오른쪽에서는 옷이 전체적으로 샛노란 조명 속에 들어가 있습니다. 옷이 반사하는 노란빛은 옷이 아니라 조명 탓입니다. 결과적으로 옷은 제 눈에도 파란색 · 검은색으로 보여요!

잘 알겠습니다. 그런데 원피스 사진이 불확실한 데는 두 가지 이유가 있다고 하셨어요. 주변의 조명이 그중 하나임은 방금 살펴봤습니다. 나머지 하나는 뭔가요?

자료 11 주변이 파란빛일 때는 원피스가 흰색 · 금색으로 보이고, 주변이 노란빛일 때는 원피스가 파란색 · 검은색으로 보인다.

이것은 좀 더 미묘합니다. 색깔에 대한 불확실한 지각은 특정한 색깔의 옷에서만 일어나요. 문제의 사진에서 사용된 색조들을 보면, 원피스의 밝은 부분은 연한 청색 계열이고 어두운 부분은 주황색 계열인데 이것들은 하루 중 다른 시간대의 태양 빛입니다. 그런데 논리적으로 보자면, 우리는 이 색깔들을 잘 식별하지 못해요. 실제로, 동일한 물체가 시간대에 따라서 색깔을 다르게 반사합니다. 물체는 전혀 변하지 않는데 말이죠. 예를 들자면, 시간이 오후에서 저녁으로 넘어갈 때 흰 종이가 (우리는 이것을 항상 흰색으로 지각하는데) 우리 눈에 반사하는 빛은 연한 파란색에서 주황색으로 바뀝니다. 우리가 이 특정한 하늘의 색깔들을 다른 색깔로 대체하면 불확실성은 사라져요. 다음의 옷 색깔이 확실하게 장미색 · 초록색이라는 데에는 모두가 동의하실 거예요(자료 12).

원피스의 색깔이 불확실한 데에는 적어도 두 가지 이유가 있는 거네요. 그런데 이 원피스를 사람에 따라서 다르게 지각하는 이유는 뭔가요?

일반적으로 우리가 세상을 지각하는 방식은 다음 두 가지가 합쳐진 결과입니다. 하나는 우리 눈이 뇌에 전달하는 정보이고, 다른 하나는 우리가 선험적으로 갖고 있는 다양한 지식이에요. 앞 장에서 우리는 선험적 지식의 예로, 그림자에 대해서 자세히 살펴봤죠. 원피스의 경우에 선험적 지식은 원피스와 레이스 그리고 햇빛 등에 대해서 우리

자료 12 옷 색깔이 파란색 · 주황색일 경우에는 특히 불분명하다. 하지만 옷 색깔을 장미색 · 초록색으로 바꾸면 전혀 그렇지 않다.

가 생각하거나 알고 있는 것들과 연관돼 있을 겁니다. 사람들 사이에 이견이 생기는 것은 아마도 그들의 선험적 지식 때문일 수 있어요. 예를 들어서, 레이스의 직조법이 잘 보이지 않게끔 사진을 약간 흐리게 만들거나 크기를 줄여서 보여주면 원피스를 파란색 · 검은색으로 보는 경향이 강해진다는 사실이 입증됐어요. 이것은 아마도 우리가 레이스는 검은색보다 금색이어야 아름답다는 선험적 지식을 갖고 있기 때문일 겁니다. 또한 원피스를 흰색 · 금색으로 보는 경향은 나이가 많을수록 강해지며 남자보다 여자에게서 더 분명하게 나타납니다. (입증된 것은 아니지만) 연구자들의 의견에 따르면, 이것은 아마도 여자와 노인들이 젊은 남자들보다 대낮의 햇빛에 더 많이 노출됐기 때문일 수 있어요. 이것이 그들에게 주변 빛이 한낮의 밝은 파란 빛이고 따라서 원피스는 흰색 · 금색이라고 해석하도록 부추겼던 것이죠. 하지만 원피스를 바라보는 개인적 차이들을 설명하는 이런 가설들은 모두 가설일 뿐이라는 점을 말씀드립니다.

원피스 이야기는 어떻게 결론을 내리시겠습니까?

우리는 색깔을 단순히 빛의 속성이라고 생각할 수 있지만 사실은 그렇지 않다는 게 중요한 것 같습니다. 우리의 뇌는 우리가 바라보는 물체에 일종의 꼬리표를 붙이는데, 이때 그 근거로 삼는 것은 물체가 우리에게 보내는 빛도 있지만 그 밖에도 우리가 주변의 빛에서 추론하는 것 그리고 세상 전반에 대한, 특히 원피스에 대한 우리의 지식에서 추론하는 것도 있습니다.

색깔의 창조는 '뇌에서 일어난다'는 얘기로 자연스럽게 귀결되네요. 신경학자들은 다 이런 식인가요? 머리에는 뇌만 있는 게 아니잖아요? 뇌가 뭔가를 볼 수 있다면 그것은 눈 덕분이에요. 눈은 외부 세상에 대한 정보를 뇌에 전해줘요. 이 환각들이 눈에서 기인했을 가능성은 없나요?

그렇다면 저도 말씀드릴 게 있는데, 망막은 (적어도 부분적으로는) 뇌의 작은 일부였어요. 여러분이 어머니의 태내에서 발육하는 과정에서 얼굴 표면으로 나온 거죠. 하지만 환각 중에 어떤 것들은 실제로 뇌가 아니라 망막, 즉 눈에서 생기기도 합니다. 다음 장에서는 여기에 대한 예를 하나 살펴보도록 하겠습니다.

7장

아, 눈부셔!

잔상을 만드는 뇌

여러분이 운전을 하다 보면 신호등 앞에 멈춰서 빨간불을 쳐다보게 될 때가 있을 겁니다. 몇 초 뒤에 다른 곳으로 시선을 돌려도 불빛이 눈앞에서 계속 어른거리죠. 이것을 전문 용어로 '잔상'이라고 부릅니다. 그런데 이때의 잔상은 빨간색이 아니라 초록색이에요. 이것은 빨간 점을 컴퓨터 화면에 띄우거나 종이에 찍어서 간단히 실험해 볼 수 있어요.

별로 새로운 얘기는 아니네요. 인간은 이런 경험을 태곳적부터 했을 테니까요. 크로마뇽인이 불꽃을 바라보고 있다가 시선을 돌려서 깜깜한 어둠 속을 응시하는 모습은 상상하기 어렵지 않죠.

맞아요. 사람들은 오래전부터 이 현상에 흥미를 느꼈어요. 독일의 문학가이자 정치가였던 요한 볼프강 폰 괴테(1749~1832)는 색채론에 대한 논문까지 썼을 정도예요. 괴테는 이런 일화를 들려줍니다. 저녁 무렵에 괴테가 흰 피부에 머리칼은 검고 빨간 블라우스를 입은 아가씨와 부딪쳤습니다. 아가씨는 재빨리 그 자리를 떠났고, 순간적으로 괴테는 하얀 벽에서 음화(陰畫) 형태로 아가씨의 모습을 봤어요. 얼굴은 어둡고 얼굴 주변은 환했으며 블라우스는 초록색이었죠. 괴테는 음양이 바뀐 그 얼굴을 직접 그리기까지 했습니다(자료 13).

자료 13 괴테가 1810년경에 수채화로 그린 한 아가씨의 모습. 괴테는 아가씨가 자리를 뜬 직후에 순간적으로 그녀의 음화를 봤고 이것을 그림으로 그렸다. © Klassik Stiftung Weimar.

이 현상에 대한 일반적인 설명은 뭔가요? 이런 식의 색 환각은 왜 생기는 건가요?

앞에서 얘기했던 대로, 원인은 망막에 있습니다. 망막은 안구의 가장 안쪽에 있는 신경 조직이에요. 망막에는 원추 세포라고 불리는 세포들이 (5백만 개가량) 있는데 이것들은 빛을 받아들여서 전기 신호로 바꿔요. 그런 다음 이 전기 신호들이 뇌로 가서 우리가 주변의 세상을 볼 수 있게 되는 것이죠.

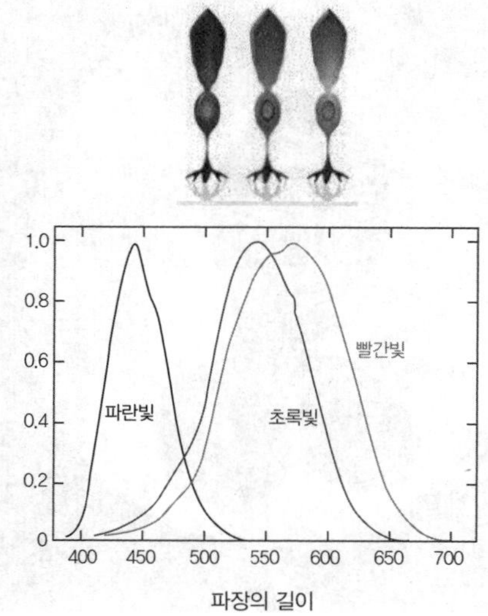

자료 14 망막에는 세 종류의 원추 세포가 있는데 각기 짧은 파장, 중간 파장, 긴 파장에 민감하게 반응한다.

그렇다면 원추 세포들은 사물의 형태뿐 아니라 색깔도 지각할 수 있게 해주나요?

네. 우리가 색깔을 지각할 수 있는 것은 세 종류의 원추 세포가 존재하기 때문인데, 이것들은 민감하게 반응하는 빛의 종류에 따라서 서로 구별됩니다. 한 종류는 짧은 파장의 '파란빛'에, 두 번째 종류는 중간 파장의 '초록빛'에, 세 번째 종류는 긴 파장의 '빨간빛'에 민감하게 반응해요(자료 14). 우리 눈이 받아들이는 빛의 구성에 따라서 세 종류의 원추 세포들은 뇌로 강하거나 약한 메시지를 보냅니다. 햇빛에 노출된 토마토는 빨간빛에 민감하게 반응하는 원추 세포인 '적추체'를 많이 활성화시키고 다른 두 종류의 원추 세포들은 덜 활성화시킵니다. 가지는 빨간빛에 민감하게 반응하는 원추 세포인 '적추체'와 파란빛에 민감하게 반응하는 원추 세포인 '청추체'를 활성화시키지만 초록빛에 민감하게 반응하는 원추 세포인 '녹추체'는 활성화시키지 않겠죠. 뇌는 이 비율을 이용해서 우리가 감지할 수 있는 색깔을 만들어 냅니다.*

---

* 원추 세포들이 가장 민감하게 반응하는 빛은 '빨강', '파랑', '초록'으로, 이 빛들은 파장의 길이가 서로 다릅니다. 이 세 낱말을 작은 따옴표 속에 넣은 이유는 우리가 단순히 파장의 길이에만 의존해서 색깔을 지각하지 않는다는 사실을 상기시키기 위해서예요. 옷 색깔과 관련된 이야기를 하고 있는 6장을 읽은 분이라면 알 겁니다. 우리가 초록색을 지각하는 것은 '초록빛'을 받기 때문이 아니죠. 우리가 지각하는 색깔은 뇌가 특정 물체에서 오는 파장들과, 주변 조명을 포함해 시야 전반에서 오는 파장들을 모두 감안해서 그것들의 다양한 길이를 비율적으로 계산해낸 결과입니다.

텔레비전과 컴퓨터의 컬러 화면은 바로 이 생리학적 체제에 근거한 것이죠?

맞습니다. 실제로 화면에는 '빨간빛' 점, '초록빛' 점, '파란빛' 점이 있고 이것들은 개별적으로 제어됩니다. 이 세 색깔의 강도를 어떻게 배합하느냐에 따라 세 유형의 원추 세포들이 받아들이는 색깔을 제어할 수 있고 따라서 뇌가 감지하는 색깔도 제어할 수 있습니다. 세 색깔을 적절히 배합하면 뇌가 감지할 수 있는 색상들을 모두 만들어 낼 수 있어요.

이제 초록색 잔상이 남는 빨간 신호등 환각으로 다시 돌아가 볼까요?

여러분이 빨간 신호등을 오래 응시하고 있으면 망막 안의 '적추체'들은 피곤해집니다. 이 원추 세포들의 표면에는 거대 단백질인 포톱신이 있는데, 포톱신은 '빨간빛'의 광자를 받아들일 때마다 원추 세포에게 뇌로 정보를 보내라고 지시합니다. 하지만 이 과정에서 포톱신은 파괴돼요. 그리고 이것이 새로 합성되기 위해서는 어느 정도 시간이 필요합니다. 따라서 우리가 곧바로 하얀 표면을 쳐다보면 눈은 뇌에 불완전한 정보를 보내게 되고, 그 때문에 빨간빛이 집중되는 자리에 '빨간색'이 없어요. 뇌는 자연스럽게 이 자리를 초록색으로 해석합니다.

그러니까 우리 뇌는 환각을 일으키는 데 실제로 개입하기보다는 망막에서 오는 불완전한 정보를 정상적인 방식으로 해석하려고 하는 것이네요?

원칙적으로는 그런데, 색 환각을 일으키는 데 있어서 뇌가 하는 역할은 그보다 더 중요한 것 같습니다. 그 근거로 64세 환자의 사례를 들어볼게요. 이 사람은 눈에서 오는 정보를 받아들이는 뇌 영역들이 점진적으로 수축되는 질병을 앓고 있었습니다. 아마도 알츠하이머병의 이형(異形)이었던 것 같은데 어쨌든 망막에는 전혀 문제가 없었죠.[13] 이 환자는 빨간색 침대 시트를 펼치면 자기 손이 초록색으로 보이고 이 현상이 1분 정도 지속되다가 차차 정상 색깔로 회복되는 상황을 경험하곤 했어요. 체계적으로 검사를 해본 결과, 이 환자는 색 잔상이 상당히 오래 지속되고 강도도 평균보다 훨씬 높다는 사실이 확인됐어요. 대략적으로만 설명했지만, 시각 피질의 질병 때문에 적추체들이 빨간색 침대 시트를 지각한 뒤 비정상적으로 오래 활동을 멈춰서 초록색 환각을 만들어 내는 경우도 있어요.

요약하자면, '정상적' 잔상은 망막에서 기인하지만 예외적으로 몇몇 뇌 질환들은 대뇌 피질상의 원인으로 '비정상적' 잔상을 만들어 낼 수 있다는 것이죠?

네. 그런데 그렇게 정리하면 편리하기는 한데 정확하다고 하기는 어렵습니다. 건강한 사람들의 경우에도 뇌의 역할을 암시해 주는 다른 형태의 환각들이 있기 때문이죠. 예를 들어서, 자료 15의 그림을 가만히 보고 있으면 빨간색의 완전한 직사각형이 머릿속에 그려질 겁니다. 이어서 여러분이 시선을 돌리면 초록색의 완전한 직사각형이 잔상으로 보일 거예요.[14] 그런데 직사각형의 가운데 부분을 가상으로 채운 것은 망막이 아니라 뇌가 한 일이에요. 환각은 눈과 뇌 사이에서 일어나는 매우 미묘한 작용의 결과인 것이죠!

지금까지 체스판에 놓인 원통, 원피스 사진, 괴테의 그림 등을 토대로 우리가 세상을 지각하는 방식에 대해서 검토해 봤습니다. 이때의 세

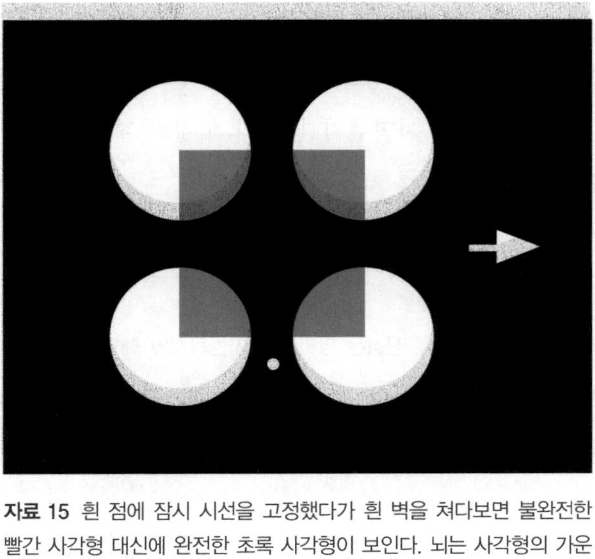

자료 15 흰 점에 잠시 시선을 고정했다가 흰 벽을 쳐다보면 불완전한 빨간 사각형 대신에 완전한 초록 사각형이 보인다. 뇌는 사각형의 가운데 부분에 색깔을 채워 넣는다.

상은 고정되고 움직이지 않는 것이었어요. 그런데 우리는 색깔과 형태도 보지만 사물의 움직임과 변화도 봅니다. 다음 장에서는 이 부분도 환각으로 설명될 수 있는지 알아보겠습니다.

8장

역마차 바퀴의 습격

스트로보스코프 효과

움직임과 관련된 시각적 환각으로 넘어가 보겠습니다. 이 환각은 우리가 영화를 보는 순간 곧바로 효력을 발휘해요. 선생님께서는 어떤 영화를 예시로 드실 건가요?

참고할 장면은 서부 개척 시대에 아메리카 인디언들이 역마차를 습격하는 부분입니다. 역마차의 바큇살을 가만히 보고 있으면 이따금 바큇살이 실제 회전 방향인 앞쪽이 아니라 뒤로 느리게 돌아가는 것처럼 보일 거예요.

서부 영화가 아니더라도 그렇게 보일 때가 있어요. 이유가 뭔가요?

그것은 스트로보스코프 효과 때문입니다. 스트로보스코프는 불이 깜박거리는 등이에요. 스트로보스코프를 켜놓은 클럽에 가면 춤추는 사람들의 움직임이 토막토막 끊기는 것처럼 보일 거예요. 우리가 불이 켜진 순간들만 연속해서 보기 때문이죠(자료 16). 바퀴가 역방향으로 돌아가는 것처럼 보이는 환각도 이 원리로 설명할 수 있습니다. 영화는 연속되는 움직임을 보여주는 것이 아니라 고정된 영상들을 연달아서 보여줍니다(초당 24개). 이 영상들은 매우 비슷해서 여러분의 뇌는 움직임이 연속적으로 이어지는 듯한 느낌을 만들어 내죠. 첫 번째 그림은 바퀴가 빠르게 돌아가고 있을 때의 바퀴 모습을 보여줍니다. 바퀴는 계속 돌아가죠. 두 번째 그림은 다른 모습의 바퀴를 보여주는데, 바퀴가 약간 뒤로 돌아간 것처럼 보입니다. 이런 식으로 계속 이어지면 결과적으로 우리에게 지각되는 바퀴의 움직임은 실제 움직임과 반대가 됩니다.

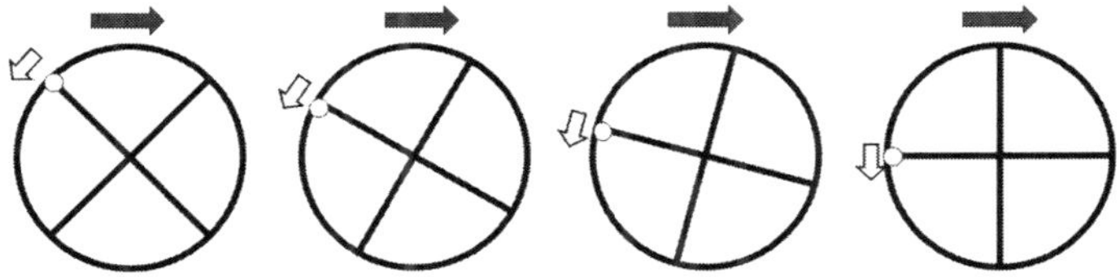

자료 16 바퀴는 시계 방향으로 돌고 있다(까만 화살표). 하지만 스트로보스코프가 두 번 깜박이는 사이에 혹은 필름이 한 영상에서 다음 영상으로 넘어가는 사이에 바퀴가 정확히 360도를 돌지 못하면 바퀴는 마치 반대로 도는 것처럼 보인다(하얀 화살표).

잘 알겠습니다. 환각은 현실을 연속적 영상들로 자른 영화나 스트로보스코프 조명 아래에서만 일어나고 실제로 차가 달리는 모습을 볼 때는 일어나지 않겠네요.

그건 너무 단순한 생각입니다. 역회전 환각은 끊어짐 없이 이어지는 자연광 아래서도 일어날 수 있어요. 1967년에 케임브리지 대학의 생리학 교수 윌리엄 러슈턴은 회전하는 마차 바퀴를 볼 때 콧노래를 부르면 마치 영화를 볼 때처럼 움직임의 환각을 일으킬 수 있다는 사실을 알아냈습니다. 그는 노랫소리의 높낮이로 환각을 제어해서 바퀴를 앞으로 또는 뒤로 돌아가게 만들 수 있었어요.[15] 이상하게 들리겠지만 사실 그 원리는 스트로보스코프와 비슷합니다. 콧노래를 부르면 머리, 특히 눈이 진동하게 돼요. 이것이 바퀴의 회전과 시각적 인식 사이에 일정한 차이를 만들어 내서 환각을 일으키는 것이죠. 영화에서 초당 24개의 연속적 영상들과 역마차 바퀴의 회전 사이에 생기는 차이가 환각을 유발하는 것처럼 말입니다. 텔레비전 역시 화면을 일정한 간격으로 출력하기 때문에 콧노래를 부르면서 텔레비전을 보면 비슷한 현상을 만들어 낼 수 있어요. 이때는 화면에 마치 줄이 보이는 것 같은 환각이 일어나죠.

제가 제대로 이해했다면, 모든 형태의 환각은 동일한 원리로 일어난다고 말할 수 있겠네요. 이를테면, 한편에서는 바퀴가 일정하게 움직이고 다른 한편에서는 바퀴의 움직임과 약간의 차이를 두고 조명이

(또는 눈이) 일정하게 깜박여야 합니다. 따라서 태양 광선처럼 빛이 끊어지지 않고 계속 이어진다면 환각은 일어나지 않겠네요. 물론 텔레비전 앞에서 콧노래를 부르는 악취미가 없다는 전제하에….

안타깝지만 그것도 너무 단순한 생각이에요. 이 환각은 우리가 생각하는 것보다 더 보편적으로 일어납니다. '비(非)스트로보스코프적' 조건에서도 환각은 일어나요.[16] 훨씬 약하고 덜 지속적이기는 하지만, 극장이 아니라 햇볕 아래서, 콧노래를 부르지 않는데도, 바퀴가 돌아가는 모습을 볼 때 가끔 환각을 일으킬 수 있어요. 실제 바퀴가 회전하는 모습 위로 때로는 역방향으로 때로는 순방향으로 느리게 회전하는 바퀴 모습이 겹쳐 보이는 거죠.

그 말은 곧 우리가 머릿속에 일종의 스트로보스코프를 갖고 있다는 뜻인가요?

그렇게 물으면 시시하게 들리는데 사실 그것은 대단히 본질적인 (완전히 해결되지 못한) 질문입니다. 우리는 주변 세상을 끊어짐 없이 죽 이어서 지각하고 있을까요, 아니면 마치 영화를 볼 때처럼 연속적인 일련의 짧은 장면들로 지각하고 있을까요?

느낌상으로는 끊어짐 없이 죽 이어서 지각하는 것 같습니다.

당연해요. 그런데 우리가 지금 얘기하고 있는 환각과는 별개로, 여하튼 그 느낌은 큰 착각입니다. 가장 간단한 증거는, 우리 눈이 항상 움직이고 있다는 사실이에요. 우리 눈은 1초에 4번 내지는 5번을 한 곳에서 다른 곳으로 계속 이동하면서 불연속적으로 미세하게 움직입니다. 우리 눈이 한 곳에서 다른 곳으로 이동하느라 움직이고 있는 중에는 사실상 눈이 멀어요. 우리는 눈이 정지하는 짧은 찰나에만 영상을 포착하는 것이죠. 물론 주변 세상을 이렇게 불연속적으로 보고 있다는 사실을 의식하지는 못하죠.

햇볕 아래서도 바퀴가 역방향으로 도는 것처럼 보이는 환각이 일어날 수 있다고 하셨는데 그렇다면 그것은 우리 눈의 미세한 움직임 때문에 생기나요? 콧노래를 부르면서 텔레비전을 볼 때처럼 눈의 움직임이 스트로보스코프 효과를 만들어 내서 말이죠.

아니요. 그렇지 않은 것으로 확인됐습니다. 눈이 완전히 정지한 상태에서도 그 환각은 일어납니다. 사실, 스트로보스코프는 뇌 안에서 찾아야 할 것 같아요. 그래서 연구자들이 뇌전도(EEG)상에 나타난 뇌의 전기적 활동을 이용해서 찾아봤어요. EEG는 수십에서 수백 개의 전극을 머리에 붙이고 전극 아래쪽에 있는 수십억 개에 이르는 뉴런들의 활동을 포괄적으로 기록한 것이죠. EEG을 보면 전기적 활동의 규칙적인 움직임이 파형으로 나타나고 있어요(자료 17). 간단히 말해서, 파형의 마루에서는 뉴런들이 뇌 전역에서 일제히 활발하게 활동하고 파형의 골로 내려갈 때는 이것들의 활동이 일시에 줄어들어요. 따라서 이 파형들은 멀리 떨어져 있는 뇌 영역들 사이에서 전면적인 동시화가 일어나고 있다는 것을 보여줍니다. 마치 수천 마리 매미들의 노랫소리가 이 산 저 산에서 동시에 커지고 작아지는 것처럼 말이죠. 서로 멀리 떨어져 있는 뉴런들의 동시화 현상은 뇌 영역들 간의 정보 교환에서 중요한 역할을 하는 것으로 보입니다.

그런데 이 파형들이 역방향으로 돌아가는 바퀴 환각과 어떤 관계가 있나요?

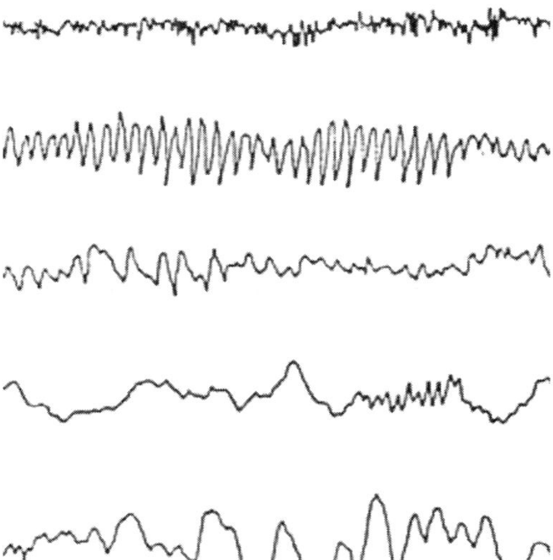

자료 17 뇌전도가 기록한 뇌파의 예.

이제 그 얘기를 해보겠습니다. 연구자들에 따르면, 일부 파형들은 뇌 내부에 일종의 스트로보스코프가 있다는 사실을 보여줘요. 파형 마루에서 뇌는 외부 세상의 영상을 포착하고 이어서 다음 파형이 올 때까지 창문은 다시 닫힙니다. 마치 1초에 24번 열리는 카메라 셔터처럼 말이죠. 예를 들어서, 제가 여러분에게 화면상으로 희미한 빛점 하나를 보여준다고 가정해 봅시다. 그 순간에 여러분의 파형이 '저점'이 아니라 '고점'에 있다면 여러분은 그 빛을 더 잘 볼 겁니다.[17] 따라서 깜박이는 외부 빛이 없어도 일종의 뇌 스트로보스코프 때문에 역마차 바퀴의 환각이 생길 수 있다는 것이죠.

하지만 우리는 세상을 불연속적으로 지각하고 있다는 것은 전혀 의식하지 못해요.

그것을 의식할 수 있는 상황도 있어요. LSD 복용자들은 (아마도) 알 겁니다. 환각제인 LSD는 (일부 강장제도 부작용으로 환각을 일으킬 수 있습니다만) 움직이는 물체가 마치 일련의 음화들이 연속적으로 이어지는 것처럼 보이는 스트로보스코프적 지각을 자주 유발시킵니다. 이 문제를 연구했던 루핀 반 룰렌은 과거에 LSD를 복용했던 사람들을 대상으로 인터넷에 질문지를 올렸어요.[18] 그리고 스트로보스코프적 지각의 예를 보여주는 여러 편의 짧은 동영상도 올려서 LSD를 복용했을 때의 경험과 가장 비슷한 동영상에 표시를 하게 했죠. LSD를 복용했을 때는 지각되는 영상의 수가 초당 평균 15~20개인 것으로 추정되는데, 이것은 특정 뇌파들의 속도와 일치해요. 따라서 LSD가 뇌 기능을 교란시켜서, 뇌의 셔터가 불연속적으로 열리는 것을 이례적으로 지각할 수 있게 만들었을 가능성이 있습니다.

지금까지 선생님께서는 움직임과 관련된 이상한 환각(역방향으로 돌아가는 바퀴)이 우리의 지각이 가진 스트로보스코프적이고 불연속적인 특성 때문이라는 것을 설명해 주셨습니다. 그런데 진짜 풀어야 할 문제는, 세상을 간헐적으로 지각한다는 사실을 우리는 왜 알아채지 못하는가가 아닐까요?

그 질문에 대해서 자세하게 답을 해드릴 수는 없을 것 같고 대략적인 방향만 말씀드리겠습니다. 시각이든 그 밖의 다른 감각이든, 지각의 '존재 이유'는 우리에게 외부 세상을 파악할 수 있게 해주는 거예요. 그런데 우리는 맨손으로 시작하지 않습니다. 우리에게는 선험적 지식이 있어요. 우리 선조들은 수십억 년 전부터 지구에서 살아왔기 때문에 우리는 고체로 된 물체가 지속된다는 것, 다시 말해서 시공간적으로 연속성을 갖는다는 것을 선험적으로 알고 있습니다. 탁자가 거실에서 갑자기 사라져서 15분 뒤에 부엌에서 다시 만들어지는 일은 절대로 일어나지 않아요. 만약 탁자가 옮겨졌다면 비록 여러분이 거기에 있지 않았어도 탁자가 거실과 부엌 사이의 모든 중간 지점을 지나갔다는 것을 알아요. 세상이 돌아가는 이치도 이와 비슷합니다. 이 암묵적 지식은 반사적으로 일어나는 지각에까지 영향을 미칩니다. 만약 새끼 고양이가 잔디밭을 뛰어가면서 나무 뒤쪽으로 사라졌다가 금세 다시 나타나는 광경을 보게 된다면, 여러분이 실제로 본 것은 '나무 뒤를 지나간 고양이 한 마리'지 '나무 왼쪽에서 사라진 고양이 한 마리와 나무 오른쪽에서 만들어진 다른 고양이 한 마리'는 아닐 겁니다. 불연속적이고 스트로보스코프적인 영상들을 지각할 때도 동일한 원칙이 적용됩니다. 여러분의 뇌가 눈앞의 세 지점에서 연이어 나타나는 테니스 공의 영상들을 받는다면 그것은 서로 다른 공 세 개가 순식간에 만들어졌다가 사라진 것이 아니라 당연히 하나의 공이 이 세 지점을 연속적으로 지나간 것일 테죠.

다시 말하자면, 우리가 하나의 움직임을 연속적으로 보는 이유는 실제 세계에서 물체들이 연속적으로 움직인다는 사실을 알고 있기 때문이네요. 그런데 선생님께서는 이 연속성의 환각을 만들어 내는 뇌 구조에 대해서는 설명해 주지 않으셨어요.

맞습니다. 거기에 대해서는 설명하지 않았죠. 그 대신 다음 장에서 매우 특별한 또 하나의 시각적 환각을 가지고 그 부분을 간단히 설명해 보겠습니다. 이 환각은 연속적 움직임의 환각을 만들어 내는 영화기법을 응용한 거예요.

9장

가상의 움직임과 두 반구의 조화

영화를 볼 때 여러분의 눈앞에서 연속적으로 지나가는 영상들은 다채롭고 복잡하며 사람 · 사물 · 색채로 채워져 있습니다. 제가 여러분에게 보여줄 상황은 이보다 훨씬 단순해요. 하지만 고정된 영상들이 연속적으로 지나가는 것을 볼 때 생기는 연속적 움직임의 환각을 연구하기에는 적합한 상황이죠. 화면 위에 까만 점이 순간적으로 나타났다가 사라집니다. 그리고 이 첫 번째 점이 사라지자마자 곧바로 몇 센티미터 떨어진 곳에서 까만 점이 또 하나 나타납니다. 시간적으로나 공간적으로 두 점의 거리가 적당하다면 여러분은 점이 두 개로 보이지 않고 한 점이 이쪽에서 저쪽으로 움직이는 것처럼 보일 거예요. 여러분이 영화에서 차가 달리는 장면을 볼 때 일어나는 상황을 단순하게 변형시킨 것입니다.

심리학자들은 그것을 '파이 현상'이라고 부르죠. 그런데요?

상황을 조금만 더 복잡하게 만들어서 파이 현상 두 개가 동시에 일어나게 해보겠습니다(자료 18). 여러분은 왼쪽 위와 오른쪽 아래 그리고 오른쪽 아래와 왼쪽 위 순서로 점 두 개가 교대로 이어지는 그림을 보고 있습니다. 여기서 특이한 것은, 이 배열이 두 가지 방식으로 지각될 수 있다는 사실이에요. 간단히 말해서, 두 가지 환각이 일어날 수 있죠. 여러분이 머릿속으로 점들을 좌우로 분류하면 오른쪽 점과 왼쪽 점이 각기 수직으로 갈지자를 그리며 움직이는 듯한 환각을 일으키게 됩니다. 하지만 여러분이 머릿속으로 점들을 위아래로 분류하면 아래쪽 점과 위쪽 점이 각기 수평으로 갈지자를 그리며 움직이는 듯한 환각을 일으키게 돼요.

두 환각이 똑같은 빈도로 일어나나요?

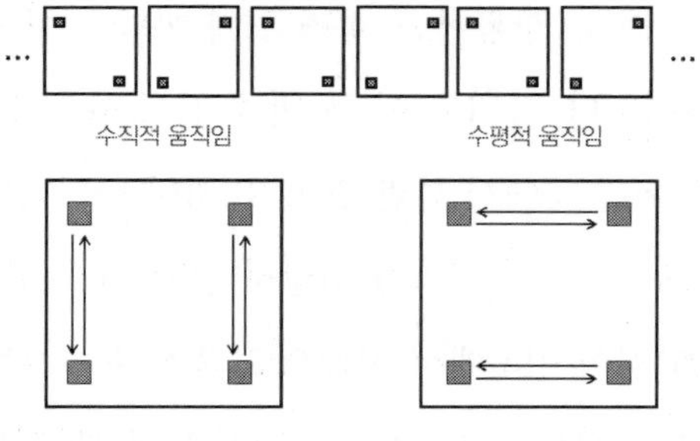

자료 18 교대로 나타나는 두 그림은 두 번의 수직적 움직임으로 보일 수도 있고, 두 번의 수평적 움직임으로 보일 수도 있다.

교대로 이어지는 점들을 계속 보다 보면 한 환각에서 다른 환각으로 넘어갈 수도 있어요. 점들이 수직으로 갈지자를 그리며 움직이다가, 화면에서 실질적으로 아무것도 바뀌지 않았는데, 갑자기 수평으로 갈지자를 그리며 움직이는 것처럼 보이는 것이죠. 이것을 쌍안정 지각이라고 합니다. 원피스의 색깔을 다룬 장에서도 이런 예시를 봤어요. 그런데 우리가 지각하는 것은 대체로 수직 갈지자입니다. 수평 갈지자로 지각하는 일은 굉장히 드물어요.

우리가 수평적 움직임보다 수직적 움직임을 상상하는 이유는 뭔가요?

이것을 이해하기 위해서는 해부학을 약간 알아야 해요. 우리의 시각체계는 엇갈리게 배선돼 있어요. 우리가 시야의 오른편에서 보는 것들은 눈을 거쳐서 모두 좌뇌로, 시야의 왼편에서 보는 것들은 모두 우뇌로 갑니다. 일단 그 영상들이 우뇌나 좌뇌에 도착하면 맞은편 반구로 전달돼서 두 반구가 그것들을 공유해요. 두 반구 사이에서 이루어지는 이러한 정보 교환은 좌뇌와 우뇌를 연결해 주는 뇌량 덕분인데, 이것은 일종의 두꺼운 케이블 같은 거예요(자료 19).

점들이 수평이 아니라 수직으로 움직이는 것처럼 보인다는 사실과 이 해부학적 구성이 어떤 관계가 있나요?

간단히 설명하자면, 수평적 움직임을 지각하기 위해서는 오른쪽에

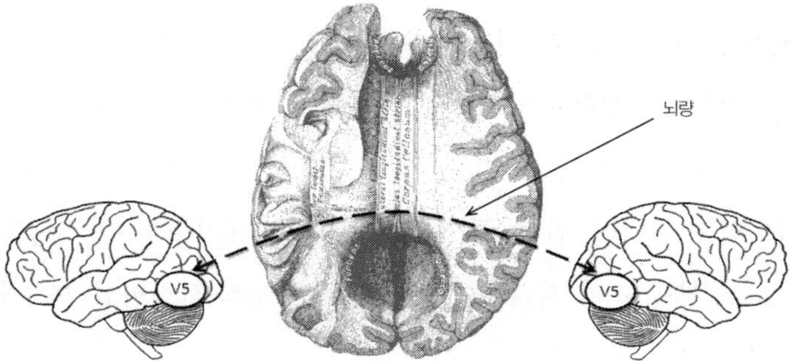

자료 19 위에서 내려다본 뇌 단면을 중심으로 왼쪽은 좌뇌, 오른쪽은 우뇌이다. 뇌량이 다리처럼 두 반구를 연결해 주고 있다. 뒤쪽 뇌량으로 지나가는 신경 섬유들을 통해서 두 반구의 V5 영역들이 정보를 교환한다. 수평적 움직임의 환각은 두 반구의 협력으로 일어난다.

있는 점(좌뇌가 보는 점)과 왼쪽에 있는 점(우뇌가 보는 점)을 통합하고 연결해야 합니다. 그러기 위해서는 이 정보가 뇌량을 통해 두 반구 사이에서 순환돼야 하죠(자료 20). 이와 반대로 수직적 움직임을 지각하기 위해서는 한 반구가 아래쪽 점과 위쪽 점을 연결하기만 하면 됩니다. 뇌량을 통해 두 반구 간에 정보를 교환할 필요 없이 한 반구 안에서 수직적 움직임에 대한 모든 계산이 이루어지는 것이죠.

움직임을 수평적으로 지각하는 데 어려움을 느낀다는 사실은 한 반구에서 다른 반구로 정보를 보내는 일이 쉽지 않다는 뜻이군요.

바로 그렇습니다. 이 생각에 근거해서 연구자들은 수평적 움직임에

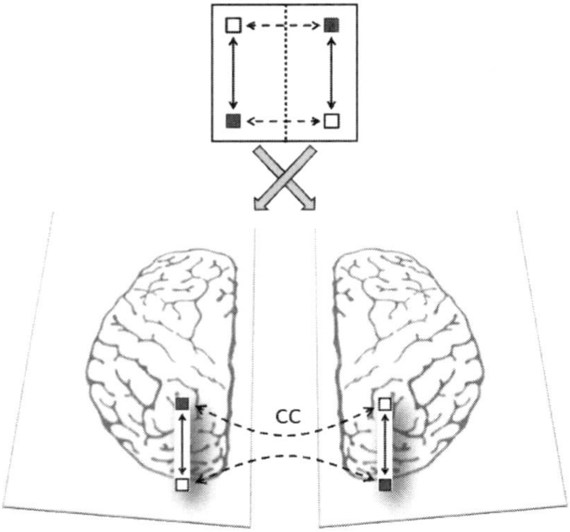

자료 20 화면의 반쪽은 각기 반대쪽 반구에 투사된다. 한 반구만으로는 수직적 움직임(줄선 화살표)만 상상할 수 있다. 수평적 움직임(점선 화살표)을 상상하기 위해서는 뇌량(CC)을 통해서 두 반구가 협력해야 한다.

대한 수직적 움직임의 선호도를 측정해서 개인의 두 반구 간 정보 교환의 효율성을 평가했습니다.[19] 선호도를 측정하기 위해서 그들은 왼쪽 점과 오른쪽 점 사이의 간격을 줄여 봤어요. 오른쪽 점과 왼쪽 점이 가까워지자 실제로 수평적 환각이 수직적 환각만큼 자주 일어났습니다. 다시 말해서, 빈도가 높아진 것이죠. 그래서 연구자들은 피실험자 한 명 한 명을 대상으로, 수평적 움직임을 수직적 움직임만큼 자주 지각하기 위해서는 오른쪽 점과 왼쪽 점을 얼마나 가까이 접근시켜야 하는지 측정해 봤습니다. 만약 오른쪽 점과 왼쪽 점을 매우 가까이 접근시켜야 수평적 움직임이 보인다면 그 사람은 두 반구

간의 정보 교환이 어렵다는 뜻이에요. 따라서 이 어려움을 극복하고 수평적 움직임을 상상하기 위해서는 두 점 간의 거리를 많이 단축시켜야 하죠.

오른쪽 점과 왼쪽 점을 가까이 접근시켜야 하는 피실험자들은 두 반구를 연결해주는 뇌량이 효율적이지 않다는 뜻이네요?

정확히 그렇습니다만 상황은 좀 더 미묘해요. 각 반구 안에는 V5라고 불리는, 움직임을 분석하는 피질 영역이 있습니다. 앞에서 우리의 시각 체계는 엇갈리게 조직돼있다고 설명해 드렸어요. 자연히 우뇌의 V5는 왼쪽 공간의 움직임을 담당하고, 좌뇌의 V5는 오른쪽 공간의 움직임을 담당합니다. 따라서 좌우로 왕복하는 수평적 움직임을 상상하기 위해서는 오른쪽 V5와 왼쪽 V5가 정보를 교환하면서 협력해야 하죠. 앞서 그 연구자들은 피실험자들의 뇌량에서 오른쪽 V5와 왼쪽 V5 간의 정보 교환을 담당하는 영역을 MRI를 이용해서 정확하게 찾아냈습니다(앞의 자료 19를 볼 것). 그렇게 해서 뇌량의 특정 영역의 해부학적 '질'이 수평적 움직임을 지각하는 능력과 상관관계가 있음을 입증해냈어요.*

다들 잘 이해하셨기를 바랍니다. 이 실험에 대한 선생님의 총평을 부탁드립니다.

한마디로, 점들이 수평적으로 움직이는 것처럼 보이는 환각은 두 반구 간의 효율적인 정보 교환을 전제로 하는 것으로, 우리는 이 환각에 더 민감할 수도 있고 덜 민감할 수도 있습니다. 제가 상당히 놀란 것은, 이러한 개인차를 뇌의 정보 교환 통로의 해부학적 구조와 연관시켜서 설명했다는 점이에요.

⁂

뇌량의 해부학적 '질'이라는 표현을 쓴 이유는 지나치게 전문적인 내용까지 들어가지 않기 위해서입니다. 연구자들은 이 연구에서 '뇌 확산 강조 영상'을 사용했어요. 이것은 뇌 MRI의 기능 가운데 하나죠. 이 기술을 이용하면 백질의 구조, 즉 뇌 영역들을 연결해 주는 배선 정보를 얻을 수 있습니다. 두 반구를 연결하는 기본 '케이블'인 뇌량도 당연히 이 기술로 접근할 수 있습니다.

10장

눈을 믿을까, 귀를 믿을까?

시각 체계는 우리 주위에서 일어나는 일들에 대해서 알려줍니다. 그러나 일반적으로 보자면 이것들은 빛 외에도 우리가 소리로 지각하는 공기 진동과 냄새로 지각하는 향기 분자를 통해서도 드러나요. 따라서 주변 세상에 대한 정보 제공은 시각 체계만의 일이 아니라 모든 감각이 연합해서 하는 일입니다. 그렇다면 시각을 다른 감각들과 분리할 수 있을까요?

당연히 분리할 수 있어요. 복잡한 문제를 다룰 때 과학자들은 항상 문제를 단순화시키죠. 그러나 여러 감각 형태들(시각, 청각, 촉각, 후각, 미각)이 긴밀하게 연결된 것은 맞습니다. 여기에 대한 연구는 매우 활발하게 이루어지고 있어요. 지금부터는 '이중 섬광'이라는 환각을 통해서 이 분야로 한번 들어가 보도록 하겠습니다.

앞 장에서 다뤘던 색 영상의 잔상처럼 이 환각도 알려진 지 오래됐나요?

그렇지 않습니다. 이것은 2000년에 칼텍의 연구자들이 발견해 냈어요.[20] 원리는 아주 간단해요. 사람들에게 화면 위에서 빛점 하나를 섬광처럼 잠깐 보여줍니다. 그리고 짧은 '신호음'도 동시에 들려줘요. 그러면 사람들은 섬광 하나와 신호음 하나를 동시에 지각합니다. 그런데 섬광이 연속적인 두 번의 신호음과 동반되면 사람들은 (종종) 섬광을 하나가 아니라 두 개가 연속된 것처럼 느껴요. 그 동영상들은 인터넷에서 쉽게 찾을 수 있으니까 여러분도 직접 해볼 수 있어요. 한마디로, 사람들은 두 번의 신호음을 듣기 때문에 섬광도 두 개라고 생각해요. 사실 섬광은 하나인데 말이죠.

청각이 이겼네요! 반대로 섬광의 횟수가 소리의 횟수를 바꿀 수는 없나요?

없습니다. 그런데 청각이 시각보다 우세하다는 것을 알게 되니 다른 의문이 생겨요. 앞의 이야기로 다시 돌아가 보겠습니다. 위의 실험에서 우리는 눈으로는 섬광을, 귀로는 하나 혹은 두 개의 신호음을 동시에 받습니다. 둘 다 동시에 도착하기 때문에 여러분의 뇌는 섬광과 신호음(또는 신호음들)을 동일한 한 사건의 결과라고 간주합니다. 이런 상황은 매일 일어나죠. 어떤 소리와 어떤 영상이 동시에 발생하면 그것들은 같은 원인에서 비롯될 때가 많아요. 제가 손뼉을 치면 여러분은 제 두 손이 서로 닿는 모습과 손뼉 소리를 동시에 보고 들어요. 이 둘은 동일한 사건의 결과이기 때문에 동시에 발생하죠. 따라서 섬광과 신호음들을 동시에 지각하게 되면 여러분은 그것들을 동일한 한 사건의 결과로 해석합니다. 그런데 바로 여기서 난처한 문제가 발생해요. 벼락은 한 번 떨어진 걸까요, 두 번 떨어진 걸까요? 여러분의 눈은 빛(섬광)이 한 번만 번쩍였다고 말하지만 여러분의 귀는 천둥이 두 번 (신호음이 두 번) 쳤다고 말합니다. 어느 쪽이 맞을까요?

글쎄요….

앞서 말씀하셨듯이 우리의 모든 지각 체계(시각, 청각 그리고 그 밖의 감각들)는 우리에게 주위에서 일어나는 일들에 관해서 알려줍니다. 그 때문에 모든 정보는 눈에서 오는 것이든 귀에서 오는 것이든 다 받아들일 만한 가치가 있어요. 하지만 제기되는 질문에 따라서 신뢰할 수 있는 정보원은 달라지죠. 만약 제가 최신 간질 치료법에 관해서 알고 싶으면 연예 잡지보다 의학 잡지를 더 신뢰할 테고 유명인들에 대한 최근 소식을 알고 싶다면 그 반대일 겁니다. 우리가 지금 다루고 있는 사례에서 시각과 청각은 각자의 특성이 있습니다. 시각은 어떤 사태를 공간 속에 위치시키는 데 있어서 청각보다 더 정확해요. 여러분이 탁자를 두드렸는데 제가 여러분을 쳐다보면서 귀는 막고 있다면 저는 눈만으로도 여러분이 어디를 두드렸는지 정확히 알 수 있어요. 이와 반대로 만약 제가 눈을 감고 귀는 열어 놓고 있다면 청각은 여러분이 탁자의 어느 부분을 두드렸는지를 대략적으로만 알려줄 거예요. 반면에 공간이 아니라 시간을 분석하는 경우에는 청각이 더 정확하죠. 영화를 볼 때 여러분의 눈은 초당 24개의 영상들을 별개 사건들로 식별하지 못합니다. 그건 너무 빨리 지나가요. 이와 반대로 여러분이 초당 24개의 소리를 듣는 경우에는 마치 기관총 소리를 들을 때처럼 각각의 소리를 완벽하게 식별해 낼 수 있어요. 요컨대 사태의 속도를 분석하는 경우에는 눈보다 귀를 믿는 편이 낫습니다. 다시 돌아와서, 우리가 섬광 하나와 신호음 두 개를 동시에 접할 때 섬광 두 개를 본다고 생각하는 이유는 바로 이 때문이에요. 청각은 섬광이 하나인데도 우리로 하여금 섬광 두 개의 환각을 보게 할 정도로 시각을 통제합니다. 청각이 이긴 것이죠.

청각이 시각에 영향을 미치게 만드는 뇌의 메커니즘은 밝혀졌나요?

부분적으로는 밝혀졌다고 말할 수 있어요. 우선, 해부학적인 구조를 좀 알아야 합니다. 눈이 수집하는 모든 정보는 뇌로 보내져서 우리가 1차 시각 영역이라고 부르는 곳에 제일 먼저 도착하는데, 이 영역은 뇌 가장 뒤쪽에 위치하며 두 반구에 가려져 있습니다(자료 21). 이곳은 모든 영상들이 뇌로 들어오는 입구죠. 우리가 앞에서 다뤘던 뇌전도(EEG)는 뇌의 전기적 활동을 백만분의 1초까지 측정할 수 있어요. 연구자들이 이중 섬광 환각을 일으키는 피실험자의 EEG를 기록해본 결과, 두 번째 섬광의 환각을 일으키는 두 번째 신호음은 그것이 울리고 약 20분의 1초 만에 이미 시각 영역에 영향을 주는 것으로 밝혀졌습니다.[21] 다시 말해서, 두 번째 신호음이 도착한 뒤 수백 분의 1초 만에 이미 청각과 시각 사이에서는 정보 교환이 이루어지는 것이 관찰됩니다. 시각 영역에 대한 청각 영역의 이 영향이 환각의 원인인 것은 틀림없어요.

이 환각은 모든 사람한테 비슷하게 작동하나요?

이중 섬광 환각에 모두가 똑같이 민감하지는 않습니다. 이 불균형을 이해하기 위해서 연구자들은 피실험자들을 다수 검사해 봤어요. 이중 섬광 환각에 대한 민감도를 개별적으로 측정하고 뇌의 해부학적 구조를 보기 위해 MRI도 찍었죠. 제가 말씀드렸듯이 1차 시각 영역은 환각의 발현과 관련이 있어요. 그래서 연구자들은 이 영역의 크기

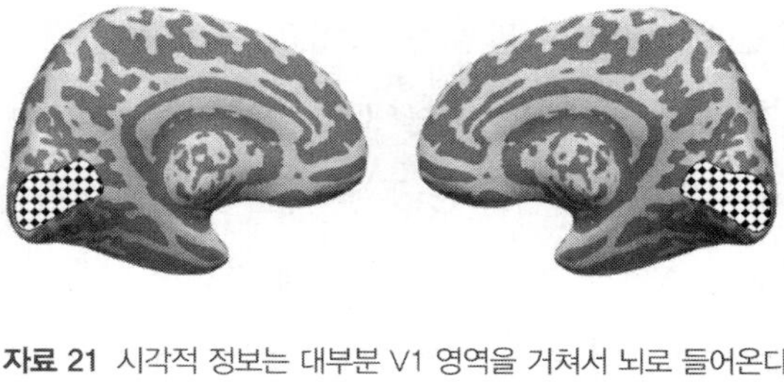

자료 21 시각적 정보는 대부분 V1 영역을 거쳐서 뇌로 들어온다.

와 환각의 민감도 사이에 관계가 있는지 조사해 봤습니다.[22] 그랬더니 시각 피질이 작을수록 환각에 더 민감한 것으로 나타났어요!

저한테 그 환각이 일어나지 않으면 제 시각 피질은 크다는 뜻이네요! 그런데 솔직히 말씀드려서 피질의 크기와 섬광 환각 사이의 관계는 잘 이해되지 않습니다.

사실 그 문제는 아직 풀지 못했는데, 시각 피질이 클수록 세부적인 것들을 지각하는 능력이 더 우수하다는 정도만 알아냈어요. 예를 들어서, 오른쪽과 왼쪽의 사선이 정확히 같은 방향을 향하고 있는지 판단해야 할 때 시각 피질이 넓을수록 판단은 더 정확합니다(자료 22).[23] 따라서 약간 과장하자면, 여러분의 시각 피질이 작다면 여러분의 시각은 그다지 신뢰할 만하지 않으니까 다른 감각, 특히 청각을 믿도록 하세요. 우리가 앞에서 다룬 환각에서 여러분은 섬광 하나를 보고 소리 두 개를 들었습니다. 여러분이 청각을 신뢰할수록 두 개의 사건이 존재한다고 결론을 내리고 두 번째 섬광을 환각으로 보게 될 확률이 더 높아요.

결론을 내리신다면?

거듭 말씀드리지만 무엇보다도 환각은 뇌의 오류를 보여준다기보다 뇌의 작동 원리를 보여주는 것으로 간주되어야 합니다. 이중 섬광 환

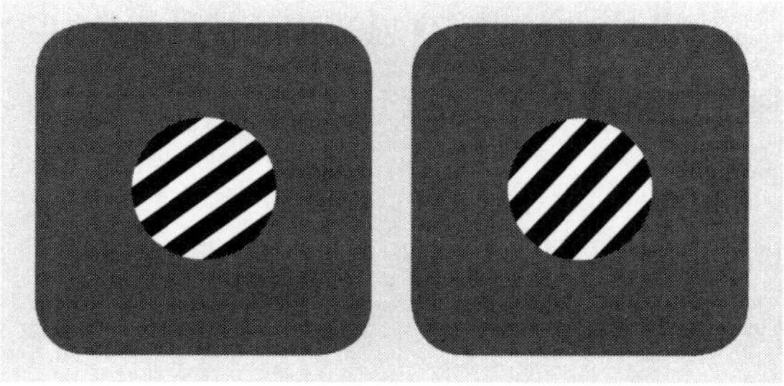

자료 22 오른쪽 사선과 왼쪽 사선 방향이 정확히 동일하지 않다는 점을 금방 감지할 수 있다면 1차 시각 피질이 매우 넓다고 할 수 있다.

각은 무엇을 의미할까요? 거대한 정보의 파도 속에서 우리가 살아남으려면 우리의 지각 체계는 감각들의 비중을 적절히 배분할 수 있어야 합니다. 시간의 흐름을 세밀하게 지각해야 할 때는 눈보다 귀를 신뢰하는 편이 낫죠. 또한 엄청난 정보들 중에서 중요한 것과 부수적인 것도 선별할 수 있어야 합니다. 이 선별은 주의력이 하는 일인데 다음 장에서는 여기에 관해서 살펴보기로 하겠습니다.

11장
스킬라와 카립디스 사이에서
주의력의 모순

우리는 일상에서 끊임없이 '주의해!'라거나 '방심하니까 실수를 했지….' 내지는 '남이 하는 말에 신경 쓰지 마!'라는 말을 하기도 하고 듣기도 합니다. 주의력은 정확히 뭘 의미하나요?

정신 생활을 묘사하는 의식 · 욕구 · 의심 · 지능 같은 많은 용어들이 그렇듯이 주의력의 의미는 다양하고 모호합니다. 하지만 호메로스의 『오디세이』를 참조해서 주의력의 핵심을 요약할 수는 있어요. 오디세우스는 트로이 전쟁이 끝난 뒤에 집으로 돌아가기 위해서 10년 동안 수많은 모험을 치르고 무수한 위험을 헤쳐나갑니다. 그동안 오디세우스는 집으로 돌아가겠다는 자신의 목표를 한순간도 잊지 않았어요. 이 목표를 이루기 위해서 그는 바다에서 이상한 일들을 겪을 때마다 다소 모순적인 두 가지 과제를 수행해야 했습니다. 한편으로는, 유혹에 넘어가서 자신의 목표를 잊어버리지 말 것. 이를테면, 바다 요정의 노래에 신경을 팔거나, 키르케와 칼립소의 매력에 빠져서 그들 옆에 눌러앉는 짓은 하지 말아야 했죠. 다른 한편으로는, 주변을 살피면서 예상치 못한 위험들을 탐지하고 스킬라와 카립디스 같은 바다 괴물들에게서 벗어나야만 했어요.

그 이야기가 주의력과 무슨 관계가 있는지 좀 더 분명하게 말씀해 주세요.

정보는 끊임없이 쏟아져 들어오는데, 우리의 빈약한 뇌는 이것들을 다 사용하지 못해요. 다행히도 정보의 거의 대다수는 전혀 쓸모가 없습니다. 따라서 잠재적으로 유용한 정보들만 선별할 필요가 있죠. 우리는 그 정보들만 인식하고 분석해서 최종적으로 사용하게 됩니다. 교활한 오디세우스가 한 일이 바로 이것입니다. 주의력에는 모순적인 두 가지 기능이 있는데, 오디세우스는 그것들을 잘 이용한 덕분에 목숨을 구할 수 있었어요. 한편으로는, 나의 현재 목표에 방해가 되는 것들을 제거해야 합니다(빙판길에서 운전을 하고 있다면 동승자의 이야기에 너무 주의를 기울이지 않는 게 좋습니다). 하지만 다른 한편으로는, 미처 예견하지 못했지만 중요할 수도 있는 사건들을 예민하게 살펴야 합니다(길가에서 내 쪽으로 달려오는 아이가 있을 수 있어요). 주의력은 이런 식으로 우리에게 중요한 정보들과 중요하지 않은 정보들을 선별해서 다시 분류하는 일을 하죠.

주의력이 작동하기 위해서 특별히 중요한 뇌 영역들이 있나요?

뇌 영역들은 한쪽에 모여 있지 않고 넓게 흩어져서 하나의 체계를 이루고 있습니다(자료 23). 주의력에 관여하는 영역들 가운데 일부는 뇌 앞쪽(전두엽)에 있고 일부는 뒤쪽(두정엽)에 있죠. 이 영역들은 서로 떨어져 있기 때문에 같이 일을 하기 위해서는 정보를 교환할 수 있게 해주는 케이블이 특히 중요합니다. 케이블이라고 부르기는 했지만 실제로는 뉴런의 연장 부분인 축삭돌기예요. 축삭돌기는 대뇌 피질 밑의 백질을 관통해서 뇌 영역들을 서로 연결시켜 줍니다.

자료 그림은 뇌의 우측이네요. 이것은 주의력 제어 체계가 우뇌에만

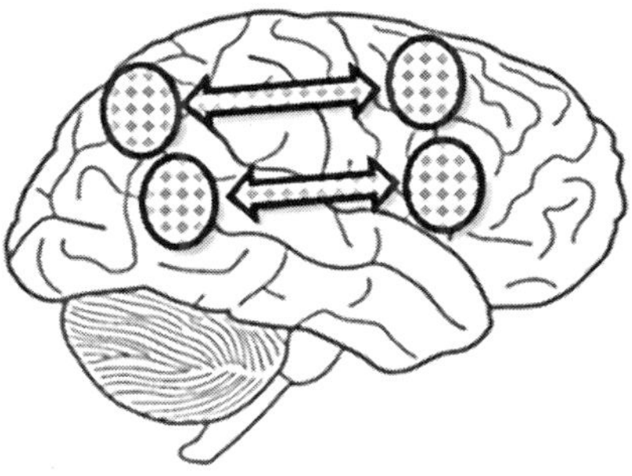

자료 23 앞쪽의 전두엽과 뒤쪽의 두정엽 사이에 있는 영역들이 주의력을 제어한다. 전두엽과 두정엽은 화살표로 표시된 백질 다발로 연결돼 있다.

있다는 뜻인가요, 아니면 두 반구 모두 이 체계를 갖추고 있다는 뜻인가요?

진실은 그 둘 사이에 있습니다. 다시 말해서, 두 반구에 주의력 제어 체계가 다 있지만 동등하지는 않아요. 실제로는 우뇌가 주도하죠. 여러분도 아시다시피, 뇌는 전체가 다 대칭적이지는 않습니다. 이를테면, 언어는 대개 좌뇌에서 관장하고 주의력은 우뇌가 지배적인 역할을 해요.

주의력 제어에서 우뇌가 우세하다는 것은 어떻게 발견됐나요?

뇌 손상을 입은 환자들을 통해서 알게 됐어요. 사고로 우뇌에 손상을 입으면 '무시' 증후군이라고 불리는 매우 놀라운 후유증이 나타날 수 있어요. 환자가 약속 시각을 지키지 않는다거나 양치질 하는 것을 무시한다는 뜻이 아닙니다. 이 이름에는 정확한 의학적 의미가 담겨 있어요. 무시 증후군 환자는 자기 왼쪽에 있는 것들에 전혀 주의를 기울이지 않아요. 세상의 왼쪽을 '무시'하는 것이죠.

구체적으로 어떤 증상이 나타나나요?

공간 속에서 움직이는 상황에서는 무조건 나타나요. 환자들은 문을 통과할 때 주의를 기울이지 않아서 문설주에 왼쪽 어깨를 부딪칩니다. 거울을 보고 면도를 할 때는 얼굴 오른쪽만 면도를 해요. 글을 쓸 때는 종이의 오른쪽만 이용하고 왼쪽은 백지로 남겨두죠. 사과 파이를 만들 때는 파이의 오른쪽에만 사과를 얹고요. 제가 기억하는 환자 한 명은 접시에 담긴 음식을 오른쪽 절반만 먹었어요. 왜 음식을 남겼냐고 물으니까 자기는 다 먹었다고 하더군요. 그래서 제가 접시를 180도 돌려서 남은 음식이 오른쪽으로 가게 했더니 환자는 다시 음식을 먹기 시작했죠. 비슷한 사례는 아주 많아요.

무시 증후군 환자는 왼쪽이 보이지 않나요?

아니요, 전혀 그렇지 않습니다. 만약 왼쪽이 보이지 않는다면 그쪽 상황을 보기 위해서 환자는 왼쪽으로 고개를 돌릴 거예요. 무시 증후군 환자는 주의를 기울이지 않는다는 게 문제가 됩니다. 다시 말해서, 환자는 세상의 왼쪽 절반을 쳐다보지도 살피지도 않아요. 왼쪽으로 향하는 것 자체를 하지 않죠.

좌뇌가 아니라 (일반적으로) 우뇌에 손상을 입었을 때 무시 증후군이 생긴다는 사실 덕분에 우뇌가 주의력에 지배적 역할을 한다는 게 드러난 셈이군요. 환자들은 그렇다고 치고 지금부터는 건강한 사람들의 경우를 봤으면 합니다. 제가 보기에 우리의 주의력은 오른쪽 못지않게 왼쪽에서도 발휘되는 것 같습니다. 우뇌가 주의력에 '우세'하더라도 말이죠.

대체로는 그렇습니다. 하지만 세밀하게 살펴보면 사람들의 행동 속에는 뇌의 이러한 비대칭이 은밀하게 반영돼 있어요. 몇 년 전에 제 동료인 미셸 티에보가 이것과 관련된 연구를 했습니다. 그는 사람들에게 선을 2등분하게 하는 매우 간단한 검사를 했어요.[24] 종이나 화면에 수평으로 그은 선을 하나 보여주고 선의 중심이라고 생각되는 곳을 가능한 한 정확하게 표시하게 하는 검사였죠.

사람들이 선의 중심을 정확히 찾을 수 있었나요?

네. 하지만 약간 왼쪽으로 편향해서 중심을 정하는 경향이 있었어요. 한마디로 이 경향은 우리가 무의식적으로 오른쪽보다 왼쪽에 더 주의를 기울이고 그래서 선의 오른쪽 끝을 약간 '무시'하며 그 때문에 왼쪽으로 편향해서 중심을 정하게 된다고 해석될 수 있습니다(자료 24)!

정상적인 약간의 좌편향을 주의력 제어에 대한 우뇌의 우세와 어떻게 연관 지을 수 있을까요?

이제 그 문제로 들어가 보겠습니다. 주의력 체계 안에는 전두엽과 두정엽을 연결해 주는 케이블 다발이 있다고 앞에서 말씀을 드렸는데요. 이 백질 다발의 길이와 두께는 MRI로 정확하게 측정할 수 있습니다. 앞에서 언급한 그 연구자들은 이 다발들이 좌뇌보다 우뇌에서 더 발달돼 있다는 중요한 사실을 알아냈어요. 이것은 주의력 제어에서 우뇌가 우세하다는 생각과 잘 들어맞죠. 그런데 연구자들은 여기서 한 걸음 더 나아가서, 선 2등분 검사를 받았던 피실험자들의 해부학적 구조를 개별적으로 조사해 봤어요. 연구자들에 따르면, 이 다발이 좌뇌보다 우뇌에서 더 발달돼 있을수록 왼쪽으로 편향해서 선을 분할할 가능성이 높습니다. 아래 그래프에서 점 하나는 실험에 참여한 건강한 피실험자 한 명을 나타냅니다. 예를 들어서, 피실험자가 그래프의 오른쪽 아래에 있는 별표 위치에 있다면 그 사람은 주의력

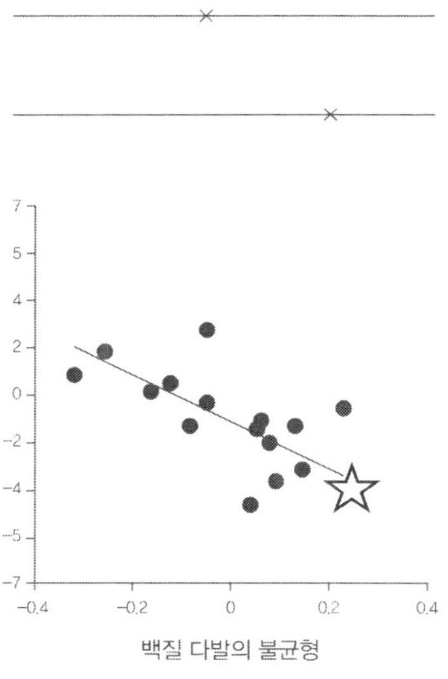

자료 24 선의 중심을 표시하게 했을 때 건강한 피실험자는 평균적으로 약간 왼쪽에 편향해서 선을 분할한다(첫 번째 선). 무시 증후군 환자는 선의 왼쪽을 무시하기 때문에 오른쪽으로 많이 편향해서 선을 분할한다(두 번째 선). 건강한 피실험자가 왼쪽으로 편향해서 선을 분할하는 경향은 주의력 제어 체계의 비대칭적 연결과 상관관계가 있다.

체계의 케이블 다발들이 가장 비대칭적이어서 부피가 좌뇌보다 우뇌에서 훨씬 크고 그 때문에 중심에서 가장 왼쪽으로 편향해서 선을 분할할 겁니다.

결론으로 한 말씀 부탁드립니다.

주의력처럼 광범위하고 불분명한 선험적 주제들과 관련해서, 뇌 손상을 입은 환자들의 행동뿐만 아니라 다양한 정상적 행동들 중 일부를 뇌의 해부학적 구조로 설명할 수 있다는 것은 아주 놀라운 일이라고 생각합니다.

12장
무엇과 어디

지금까지 여러 가지 시각적 환각과 시각 체계의 기능에 관해서 알아 봤습니다. 그 과정에서 뇌의 기능을 다루기는 했지만 해부학적 · 생리학적으로는 V1의 크기나 뇌량, V5의 연결 등 몇 가지 세부적인 것들을 살펴보는 데 그쳤어요. 시각 영역을 마무리하기 전에 시각의 대뇌 구조를 훑어볼 수 있을까요?

물론이죠. 만약 제가 여러분에게 주위에 보이는 것들을 묘사해 보라고 하면 '내 오른쪽에는 파란 셔츠를 입은 로랑 코앙 씨가 있다. 내 왼쪽에는 서가에 책이 꽂혀 있고, 앞에는 창문이 있다.'는 식으로 말할 겁니다. 요컨대 여러분은 자신이 속해 있는 풍경을 묘사하죠. 객관적으로 보자면, 여러분이 저한테 주는 정보는 두 범주로 구분할 수 있습니다. 우선, 여러분은 눈에 보이는 물체에 대해서 언급합니다(물체의 형태, 색깔, 정체-책, 얼굴, 셔츠…). 그리고 그것들의 위치를 언급하죠(위, 아래, 오른쪽, 왼쪽…). 다시 말해서, 여러분은 저에게 '무엇'(물체의 특징)과 '어디'(물체의 위치)에 관해서 묘사해 줍니다.

실생활에서 그 두 가지 정보는 꼭 필요해요. 식사할 때 우리는 소금 병을 후추 병과 구분해야 하고, 그와 동시에 소금 병의 위치도 알아야 합니다. 소금 병을 잡으면서 소금을 엎지르지 않으려면 말이죠. 따라서 무엇과 어디는 불가분의 관계예요.

그것들이 그렇게 불가분의 관계는 아니에요. 우선, 무엇과 어디는 별개의 뇌 영역들이 담당하고 있습니다(자료 25). 대략 보자면, 뇌의 가장 뒷부분은 시각을 담당하고 있는데, 이 시각 체계상에서 무엇(물체의 특징)은 뇌의 아래쪽에서 분석되고 어디(물체의 위치)는 뇌의 위쪽에

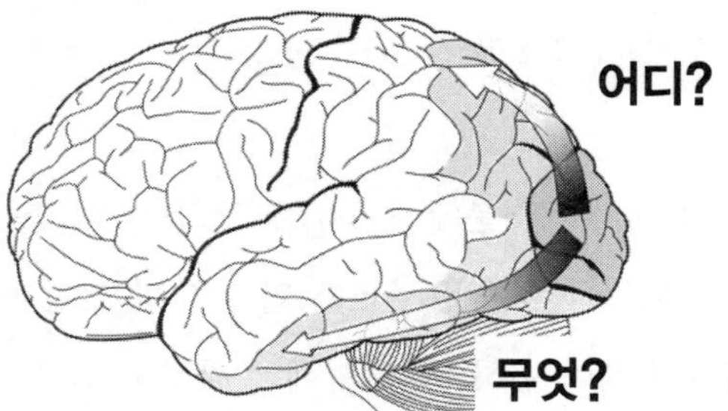

자료 25 뇌의 시각 체계에서 '무엇'과 '어디'의 분석은 별개 영역들이 담당한다.

서 분석됩니다.

뇌에서 무엇과 어디 사이에 이런 식의 분업이 이루어지고 있다는 것은 어떻게 알아냈나요?

뇌의 상황을 이렇게 종합적으로 (무엇은 아래에서, 어디는 위에서) 제시하게 된 것은 매우 최근 일이라고 할 수 있습니다. 이것은 1980년대에 레슬리 웅거라이더와 모티머 미쉬킨이 마카크 원숭이들을 대상으로 진행한 연구를 바탕으로 제시한 견해입니다(이 원숭이들은 우리와 매우 유사한 시각 체계를 갖고 있습니다).[25] 첫 번째 실험에서 그들은 원숭이에게 먼저 여러 개의 물건(초록색 큐브, 줄무늬가 있는 원통 등등)을 보여줍니다. 그리고 잠시 뒤에 원숭이를 구멍 두 개가 뚫려 있는 탁자 앞으로 데리고 갑니다. 한 구멍 안에는 먹을 것이 들어있고, 구멍은 둘 다 물건으로 덮여 있어서 원숭이는 구멍 속을 볼 수 없어요. 물건 하나는 원숭이가 조금 전에 봤던 것이고 다른 물건은 새로운 것입니다. 연구자들은 원숭이가 먹을 것을 찾기 위해 자기가 봤던 물건이 덮힌 구멍을 들여다보게끔 원숭이를 훈련시킵니다. 한마디로, 먹을 것을 찾기 위해서는 물건을 식별해야 하죠. 이것은 '무엇'의 임무입니다. 두 번째 실험에서는 원숭이를 구멍 두 개가 뚫려 있는 탁자 앞으로 다시 데려가는데, 이번에는 구멍이 뚜껑으로 막혀 있고 탁자 위에는 작은 원통이 놓여 있어요. 연구자들은 원숭이가 먹을 것을 찾기 위해서는 원통과 가까운 쪽에 있는 뚜껑을 들여다보게끔 원숭이를 훈련시킵니다. 다시 말해서 이것은 '어디'의 임무죠. 먹을 것은 물체의 형태나 색깔이 아니라 표시물의 위치로만 지시되니까요. 이어서 원숭이에게 장애가 생깁니다. 뇌의 시각 체계 위쪽을 수술로 손상시킬 경우 원숭이들은 어디의 임무를 실행할 수 있는 능력은 잃지만 무엇의 임무를 실행할 수 있는 능력은 잃지 않습니다. 반대로, 뇌의 시각 체계 아래쪽을 손상시킬 경우 원숭이들은 무엇의 임무를 실행할 수 있는 능력은 잃지만 어디의 임무를 실행할 수 있는 능력은 잃지 않아요. 결론적으로 이러한 시각의 두 양상은 별개의 대뇌 피질 영역에 토대를 두고 있는 것이죠.

선생님께서는 원숭이와 인간의 시각 체계가 매우 유사하다고 하셨어요. 따라서 사람도 뇌에 손상을 입으면 대뇌 피질 부위가 손상된 원숭이들과 동일한 문제를 일으킬 것으로 예상됩니다. 틀림없이 무엇이나 어디에 문제가 생길 것 같네요.

바로 그렇습니다. 사실 1980년대에 마카크 원숭이 실험이 있기 전부터 이미 신경과 의사들은 여기에 관해서 알고 있었어요. 19세기 후반부터 그들은 갖가지 뇌 손상으로 인해서 초래된 다양한 시각 기능 상실 때문에 무엇이나 어디에 문제가 생긴 환자들을 관찰했습니다.[26]

구체적으로 말씀해 주세요. 어디에 이상이 생기면 어떤 증상이 나타나나요?

가장 놀라운 사례는 '동시 실인증'이라고 하는 매우 인상적인 이름으로 알려져 있습니다(자료 26). 제가 동시 실인증을 갖고 있다고 가정하고 이 방을 묘사해 보자면, '책, 유리컵, 꽃병 등등이 보입니다.' 라고 말하겠어요. 그런데 여러분이 저한테 책이 꽃병에서 멀리 있는지 가까이 있는지, 오른쪽에 있는지 왼쪽에 있는지를 물으면 저는 대답을 하지 못해요. 방금 전에 본 책조차도 찾지 못하죠. 다시 말해서, 저는 물건을 보고 식별하는 데는 문제가 없지만 저를 기준으로 그 물건에 공간상의 위치를 부여할 수가 없어요. 그래서 풍경 전체를 인식하지 못하고, 단절되고 혼란스러운 풍경의 단편들만 지각하게 됩니다. 조금 전에 얘기했던 원숭이처럼 어디의 영역인 시각 체계 위쪽이 손상되면 이와 같은 동시 실인증이 유발되죠.

아주 불편하겠네요?

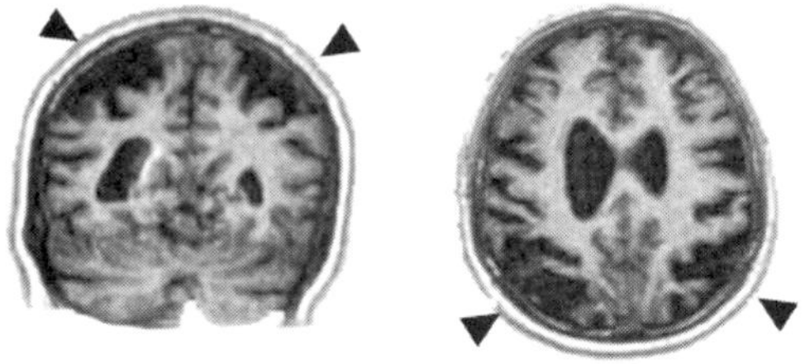

자료 26 두정골 영역이 심하게 위축된 환자의 MRI. 화살표가 가리키는 검은 큰 홈들은 뇌 위축 때문에 비정상적으로 확대된 피질 고랑이다. 뇌 위축은 어디의 체계에 영향을 미쳐서 동시 실인증을 초래한다.

그렇고말고요. 상상하기조차 어렵죠. 식사할 때 빵이 어디 있는지 몰라서 그것을 집을 수 없을 거예요. 눈이 안 보이는 것도 아니고 우연히 시선이 빵으로 가면 알아볼 수도 있는데 말이죠. 또 주변 건물이나 사물들의 위치를 설정하지 못해서 집 밖으로 나가서 돌아다닐 수도 없을 겁니다.

물체의 위치 설정과 관련된 다른 문제들도 있나요?

매우 드물지만 움직임에 대한 시각을 잃는 일도 일어날 수 있어요. 이 환자들은 운동맹이라고 불리는데, 물체가 움직이지 않을 때만 그것을 볼 수 있죠. 물체가 움직이면 그 순간 사라져 버려요! 한 환자는 가족 모임에 갔는데 사람들이 계속 나타났다가 사라지는 것처럼 보였다고 하더군요. 사촌이 식탁 옆에 있는 것을 봤는데 갑자기 사라졌다가 식당 끝에서 다시 나타났고, 그 자리로 이동하는 동안에는 내내 보이지 않았대요. 길을 건너는 일도 어렵죠. 멀리 있던 차가 갑자기 사라졌다가 자기가 길을 건너려는 순간 앞에 나타나니까요. 또 그 환자는 잔이 넘칠 때까지 차를 따랐어요. 차 표면이 올라오는 움직임을 따라가지 못해서 차를 계속 부었던 것이죠.[27] 이런 환자들 눈에는 물이 흐르는 모습이 마치 얼음 폭포처럼 비치곤 합니다. 운동맹을 초래하는 뇌 손상은 움직임을 분석하는 대뇌 피질 영역을 망가트려요. 이 영역은 다름 아닌 V5 영역으로 우리가 9장 〈가상의 움직임과 두 반구의 조화〉에서 이미 다뤘던 것입니다.

지금까지는 위치와 움직임의 지각 기능 상실에 대해서 설명해 주셨는데요. 무엇이라는 이름으로 지칭하셨던, 물체에 대한 지각 기능이 상실되면 어떻게 되나요?

시각 체계의 아랫부분인 무엇의 체계는 작은 영역들로 나뉘어져 있는데 그것들은 각기 다양한 유형의 물체들을 전담해서 식별합니다. 얼굴을 식별하는 영역, 글자를 식별하는 영역, 집이나 그 밖의 장소들을 식별하는 영역, 신체 부위를 식별하는 영역, 일상적인 물건들을 식별하는 영역 등으로 나뉘어져 있는 것이죠. 예를 들어서, '얼굴 영역'이 손상되면 안면 실인증 환자가 됩니다. 밤에 갑자기 뇌졸중을 일으켰는데 아침에야 그것을 알아챈 환자가 있었어요. 그 사람의 말에 따르면, 다음 날 아침 욕실 거울에 비친 얼굴이 낯선 사람의 것이더래요. 그 사람은 방에 있던 부인의 얼굴도 몰라봤어요. 그런데 부인이 걸고 있던 목걸이는 알아봤죠. 또 어떤 환자는 10살짜리 아들이 학교 축구 시합에서 골키퍼로 뛰어서 다행이라고 했어요. 축구 선수들 가운데서 아들을 알아볼 수 있는 유일한 방법이 그것밖에 없었으니까요. 반면에 사고가 '단어 영역'에 손상을 주면 얼굴을 알아보는 데는 문제가 없는데 문자를 식별할 수 없게 됩니다. 다시 말해서 글자를 읽지 못하는 거예요.

그렇다면 무엇의 체계가 완전히 망가져서, 환자가 눈은 보이는데 아무것도 식별하지 못하는 상황도 일어날 수 있나요?

가능해요. 특히 뇌에 산소 공급이 중단돼서 두 반구의 시각 체계가 광범위하게 손상되면 그런 상황이 생길 수 있습니다. 이를테면, 심장 마비를 일으키거나 보일러 고장으로 일산화탄소에 중독되는 경우죠. 저와 올리비에 마르티노가 공동으로 연구했던 사례로, 유년기에 무엇의 체계가 정상적으로 발달하지 못한 12살 여자아이를 관찰한 적이 있습니다.[28] 그 아이는 일상적인 물건들을 식별할 수 없어서 반드시 손으로 만져봐야 했고, 자기 부모의 얼굴도 알아보지 못해서 목소리로 확인을 해야 할 정도였어요. 당연히 읽기는 전혀 배울 수 없었죠. 반면에 어디의 체계는 손상을 입지 않았어요. 그래서 롤러스케이트를 타고 병원 복도를 아무 문제없이 돌아다녔고 진주 목걸이도 꿸 수 있었어요!

지금까지 이야기에서 우리는 어떤 교훈을 끌어낼 수 있을까요?

시각 체계의 구조에 대한 총평을 원하시는군요. 제 생각에는, 전담 영역들 간의 분업이 가장 놀라운 특징인 것 같습니다. 우리는 바깥 세상이 우리 정신에 마치 영화처럼 투사되는 듯한 느낌을 받습니다. 이 영화는 유채색이고 움직이며 3D 와이드 스크린에다 소리까지 나요. 이렇게 잘 통합된 지각 뒤에서는 수많은 소체계가 외부 세계의 이런저런 양상들(형태, 색깔, 움직임, 질감 등등)을 전담하고 있어요. 그리고 이것을 드러내 주는 것이 바로 제가 설명했던 뇌 손상들입니다.

3부

듣고,
만지고,
맡고,
맛보고

나를 속이는 뇌 / 뇌를 속이는 나

지금까지 시각에 대한 이야기를 많이 했는데, 우리에게는 시각 외에도 밖을 내다볼 수 있는 창문이 더 있습니다. 이중 섬광 환각에서 봤던 것처럼 시각은 다른 감각들 특히 청각과 긴밀하게 얽혀 있죠. 3부에서는 청각, 촉각, 후각, 미각으로 방향을 돌려 보겠습니다. 이 감각들은 우리가 세상에 대한 표상을 만드는 데 있어서 절대적으로 필요해요. 청각은 시각을 대체할 수 있을까요? 귀로 보고 읽을 수는 없을까요? 고통스러운 환청인 이명은 어디에서 오는 걸까요? 냄새는 알겠는데 그 이름이 생각나지 않는 이유는 뭘까요? 손가락을 꼬아서 통증을 가라앉힐 수 있다면 믿으시겠어요?

13장

박쥐와 인간

반향 정위의 쓸모

박쥐는 시력이 좋지만 주로 밤에 활동하고 일종의 음파 탐지기로 어둠 속을 날아다닙니다. 이것은 다 아는 사실이죠. 박쥐가 내는 매우 날카로운 소리는 우리가 들을 수 없는 초음파예요. 이 소리는 장애물에 반사돼서 박쥐의 귀로 되돌아옵니다. 박쥐는 이 반향을 이용해서 자신의 위치를 파악하고 곤충을 사냥합니다. 이 반향 정위(反響定位) 체계는 20세기에 와서야 알려졌지만 박쥐가 시각의 도움 없이 날아다닌다는 사실은 이미 18세기 말에 스팔란차니 신부에 의해서 입증됐어요. 스팔란차니 신부는 박쥐의 눈을 멀게 만든 뒤에 밀폐된 방에서 이들이 벽이나 장애물에 부딪히지 않고 잘 날아다니는 것을 확인했습니다.[29] 게다가 이 박쥐들은 귀를 막아도 여전히 잘 날아다녔어요. 제네바 출신의 루이 주린은 더 치밀한 방법으로 몇 차례 실험을 거듭해서 스팔란차니 신부의 실수를 밝혀냈고, 그는 자기가 박쥐들의 귀를 잘 막지 않았던 것 같다고 인정하면서, 눈이 먼 박쥐들이 청각만으로 어둠 속에서 위치를 탐지한다는 사실을 받아들였죠.

잘 알겠습니다. 선생님께서는 박쥐를 예로 드셨지만 박쥐만 반향 정위를 하지는 않는 것으로 알아요.

맞습니다. 일부 고래들도 반향 정위를 하고 인간도 어느 정도는 할 수 있어요. 18세기에 드니 디드로는 『눈이 보이는 사람들에게 보내는 맹인에 관한 서한』에서 다음과 같이 말하고 있습니다. '퓌소의 그 맹인은 열기로 불과의 거리를 가늠합니다. 또 술을 따를 때는 술이 잔에 떨어지는 소리로 양을 가늠하며, 얼굴에 닿는 공기의 움직임으로 타인과의 거리를 가늠합니다. 그는 심지어 대기의 미미한 변화를 감지해서 막다른 길을 구별할 수도 있어요.' 1940년대 이후부터 실험들이 더 치밀하게 이루어져서, 시각이나 주변의 자연 소음이 아닌 반향 정위에 근거하는 방향 파악 능력이 존재하며, 특히 시각 장애인들이 이 능력을 사용한다는 사실이 입증됐습니다.

하지만 사람은 박쥐처럼 초음파를 내지는 못해요!

그렇죠. 사람이 반향 정위를 하려면 작은 소리를 만들어 내야 합니다. 혀를 차거나 발로 바닥을 비비거나 지팡이를 두드리거나 손가락을 튕긴다거나 하면서 말이죠.

제가 혀를 차면 입에서 나오는 그 소리가 잘 들리기는 하는데 그것을 이용해서 제 주변의 상황을 파악하지는 못하겠어요. 일단 소리가 만들어지면 다음에는 어떻게 되죠?

소리는 여러분의 입을 떠난 뒤에 주변 물체에 부딪혀서 여러분의 귀로 되돌아옵니다. 이 반향은 잠재적으로 흥미로운 표지들을 실어와요. 예를 들자면, 여러분이 듣는 소리의 세기는 물체에 부딪혀서 되돌아올 때 변조될 가능성이 높아요. 여러분의 입에서 귀로 곧장 들어가는 원음에 그 반사음이 추가되면 소리는 증폭될 겁니다. 원칙적으로는 발신음과 반사음의 세기도 비교할 수 있어요. 또한 소리가 출발해서 반사음으로 되돌아오기까지의 시차에도 정보가 들어 있습니다. 소리가 양쪽 귀로 되돌아오는 시차도 이용할 수 있어요. 여러분의 왼쪽에 있는 장애물에 부딪혀서 되돌아온 소리는 오른쪽 귀보다 왼쪽 귀에 더 빨리 도달할 겁니다. 그 밖의 다른 유용한 표지들도 분명히 있을 텐데 다 알려지지는 않았어요.

극히 미묘한 그 표지들에 근거해서 실제로 주변에서 지각할 수 있는 것은 어떤 것들인가요?

유용한 것들이죠. 이를테면, 장애물과의 거리와 장애물의 위치 같은 것들이요. 반향 정위에 능숙한 피실험자들이 놀라울 정도로 정확하게 위치를 측정한다는 사실은 입증됐습니다(자료 27).[30] 좌우로 약간 빗겨서 위아래로 배치된 두 개 원판 앞에 피실험자들을 세웁니다. 그리고 이들에게 어느 원판이 왼쪽에 있고 어느 원판이 오른쪽에 있는지 알려달라고 합니다. 반향 정위에 능숙한 시각 장애인들은 오로지 자기가 내는 소리의 반향에 근거해서 1, 2도의 편차까지 알아낼 수 있어요. 그리고 어릴 때 시력을 잃어서 반향 정위를 많이 사용해본 사람이 더 잘합니다.

반향은 물체의 위치에 대한 정보를 줍니다. 하지만 물체의 성질에 대

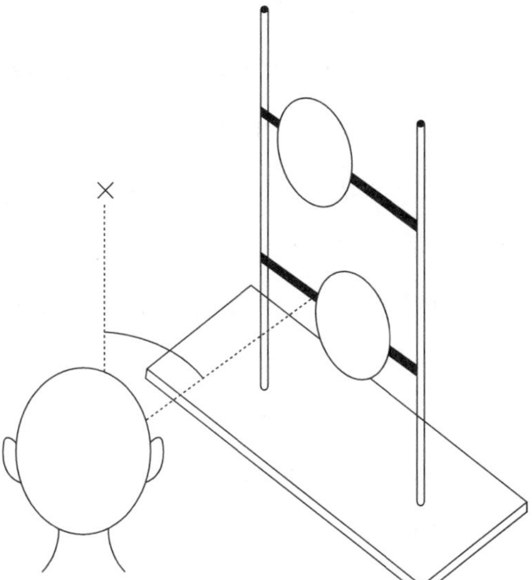

자료 27 반향 정위에 능숙한 시각 장애 피실험자들은 원판에서 반사되는 반향만 이용해서 두 원판의 좌우 위치를 판단할 수 있다.

한 정보도 줄 수 있을까요? 이를테면, 제 앞에 있는 물체가 옷장인지 나무인지도 알려줄까요?

크기와 형태에 대한 민감성은 입증됐어요. 예를 들어서, 오목하고 큰 물체는 판판한 작은 물체와 동일한 반향을 보내지는 않을 겁니다. 또 소재도 구분할 수 있죠. 금속 물체는 나무나 천처럼 소리를 흡수하는 물체와 동일한 반향을 보내지 않아요.

시각보다는 덜 정확하지만 반향 정위를 일종의 시각 등가물이라고 볼 수도 있을까요?

네. 19세기부터 잘 알려진 한 환각을 이용해서 매우 독창적인 방법으로 그것을 입증한 연구가 있어요(자료 28).[31] 제가 여러분에게 크기는 다르고 무게는 동일한 입방체들을 주고 그것들을 들어서 무게를 헤아려 보라고 하면, 분명히 여러분은 가장 큰 입방체가 가장 가볍고 가장 작은 입방체가 가장 무겁다고 느낄 거예요. 다시 말씀드리는데, 입방체들의 무게는 실제로 같아요. 이 실험의 핵심은, 우리가 큰 물체를 작은 물체보다 무거울 거라고 예상한다는 데 있습니다. 그래서 우리 뇌는 '저도 모르게' 큰 입방체가 예상보다 가볍고, 작은 입방체가 예상보다 무겁다고 느낍니다. 그 결과 이 느낌을 작은 입방체가 큰 입방체보다 무거운 것으로 그냥 해석하는 것이죠.

이 환각이 반향 정위와 어떤 관계가 있나요?

앞의 연구는 이 환각이 반향 정위를 하는 시각 장애인들에게도 완벽하게 작동한다는 것을 입증했습니다. 연구자들은 시각 장애인들에게 크기는 다르고 무게는 동일한 입방체들을 반향 정위의 기술을 이용해서 '보게' 했습니다. 그리고 그것들을 손에 들고 무게를 가늠해 보게 했죠. 눈이 보이는 사람들과 똑같이 시각 장애인들도 가장 작은 입방체가 가장 무겁다는 환각을 일으켰습니다! 다시 말해서, 이 환각이 작동한다는 것은 반향 정위가 실제로 물체의 크기에 대한 시각적 영상을 제공하며 이 영상은 시각이 일반적으로 제공하는 영상과 유사하다는 사실을 의미해요.

자료 28 무게가 동일한 세 입방체를 손에 들고 무게를 어림잡을 때 우리는 입방체의 부피가 클수록 무게가 더 가볍다는 느낌을 받는다. 반향 정위로 시각을 대체하는 경우에도 이 환각은 똑같이 작동한다.

귀로 '보기' 위해서 뇌가 어떤 식으로 반향을 사용하는지는 밝혀졌나요?

좋은 질문입니다. 거기에 대한 자료가 많지는 않습니다만, 반향 정위를 사용하는 시각 장애인들은 실제로 뇌의 시각 영역들을 사용하는 것처럼 보여요. 눈이 보이는 사람들이 사용하는 그 영역들 말이죠. 연구자들은 반향 정위에 능숙한 시각 장애인을 다양한 물체(나무, 자동차…) 앞에 세우고 평소처럼 혀를 차 보라고 했습니다. 그리고 시각 장애인이 내는 소리와 물체들의 반향을 녹음했어요.[32] 그런 다음 그를 MRI 안에 넣고 그 소리들을 들려줬습니다. 기계 안에서 마치 반향 정위를 실제로 사용하는 것처럼 만든 독창적인 방법이죠. 결과는 놀라웠습니다. 반향 정위와 연관된 뇌 활성화가 정상적인 시각 담당 영역들, 특히 1차 시각 피질 안에서 일어나고 있었어요(앞의 자료 21을 볼 것). 따라서 정보가 눈이 아니라 귀로 들어올 때도 시각 체계는 외부 세계의 형태들을 지각하는 데 여전히 관여한다는 얘기죠!

선생님께서는 시각 장애인을 특정해서 말씀하셨는데 눈이 보이는 경우에도 반향 정위를 사용할 수 있나요?

당연히 사용할 수 있어요. 그것은 무엇보다도 훈련의 문제입니다. 당연한 말이지만 시각 장애인에게는 비시각적 정보원을 최대한 활용해야 할 이유가 있을 뿐이에요.

그렇다고는 해도 반향 정위가 단지 신기한 능력에 불과한 것인지, 아니면 일상에서 시각 장애인들에게 정말로 유용하게 쓰이는 것인지 궁금합니다.

시각 장애인들 가운데 25%가 반향 정위를 사용하고 있는 것으로 추정됩니다.[33] 수치가 정확하지는 않지만 어쨌든 높은 것으로 봐서 반향 정위가 유용하게 쓰인다고 할 수 있겠죠. 게다가 반향 정위를 중요한 수단으로 이용하는 시각 장애인들도 있어요. 예를 들어서, 배트맨이라는 애칭으로 불리는 대니얼 키쉬라는 사람이 있습니다(인터넷에서 이 사람의 동영상들을 쉽게 찾아볼 수 있는데 아주 놀라워요). 이 사람은 아주 어렸을 때 양쪽 시력을 잃었지만 반향 정위를 이용해서 자전거도 타고 시내도 돌아다니고 또 그 밖의 많은 일들을 해냅니다. 그는 시각 장애인들의 자립을 돕기 위해서 반향 정위 기술을 교육하고 개발하는 단체도 조직했어요. 결론적으로, 반향 정위는 시각을 대체할 수 없지만 다른 항법 기술들과 결합된다면 시력을 상실한 사람들에게 매우 유용하게 쓰일 보조적 정보원은 될 수 있다고 생각합니다. 다음 장에서도 귀로 보는 것이 가능한지에 관한 문제를 계속 살펴보기로 하겠습니다. 반향 정위는 '자연적' 방법으로 실행할 수 있지만, 정교한 기술을 이용해서 시각 장애인들이 청각을 거쳐 세상을 볼 수 있게끔 할 수도 있어요.

14장

귀로 읽는 법

기술적 관점에서 봤을 때 시각 장애인들이 가시적 세상을 '들을 수 있게' 하기 위해서는 어떤 문제들을 해결해야 할까요?

당연히 첫 번째 문제는, 귀가 빛이 아니라 소리에 민감하다는 점입니다. 빛은 전자기파로 이루어져 있지만 소리는 공기의 진동이죠. 따라서 일반적으로 눈을 통해서 뇌로 전달되는 빛 영상을, 귀를 통해서 뇌로 전달되는 소리 영상으로 변환시키는 방법을 찾아야 합니다.

구체적으로 그것을 어떻게 변환시키나요?

아주 간단합니다. 예를 들어서, 왼쪽에서 오른쪽으로 내려가는 사선은 점점 낮아지는 소리로 표현될 수 있습니다(이것은 간단히 '내려가는' 소리라고 부릅니다). 마찬가지로, 왼쪽에서 오른쪽으로 올라가는 사선은 '올라가는' 소리로 표현됩니다. 이 두 소리를 연이어서 들으면 내려갔다가 올라가는 소리가 되는데, 이것은 아래쪽으로 뾰족한 V자를 나타내죠.

무슨 글자든 똑같은 방식으로 기호화할 수 있겠네요. 예를 들어서, 올라가는 소리와 내려가는 소리를 차례로 내지 않고 동시에 내면… X가 되죠! 낱말도 이런 식으로 모두 변환시킬 수 있을 것 같은데요?

물론입니다. 이론적으로 보자면, 귀로 들어오는 정보로 낱말의 형태를 재현해서 읽는 것은 연습하면 가능해요. 이 체계에서 위/아래의 시각적 차원은 고/저의 소리 차원으로, 좌/우의 차원은 전/후의 차원으로 변환되죠.

그런데 이 기술을 언급하신 이유는 뭔가요?

제가 공동 연구를 한 적이 있는 아미르 아메디가 이끄는 예루살렘 대학 연구팀이 이 '소리 시각'의 원리를 토대로 논문을 발표했어요(자료 29). 그들은 안경이 딸린 작은 비디오 카메라와, 앞에서 언급했던 원칙에 따라서 영상을 소리로 변환시키는 휴대용 컴퓨터(혹은 스마트폰), 그리고 이 소리를 듣기 위한 헤드폰으로 구성된 장치를 하나

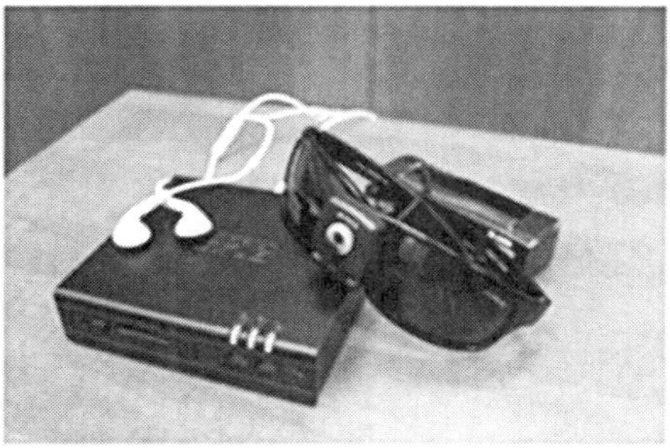

자료 29 영상을 소리로 변환시키는 지각 대체 장치.
© Striem-Amit et al., 2012.

개발했어요. 그리고 이것을 사용해서 시각 장애인들을 '보게' 만들 수 있는지 내지는(좀 더 현실적으로는) 길을 돌아다니고 주변 물체들의 위치를 파악할 수 있는지 연구했죠.

어떤 종류의 영상을 사용했나요? 올라가고 내려가는 사선에 한정하지는 않았을 것 같은데요.

인터넷을 찾아보면 이 연구에 대해서 자세히 설명하고 있는 아미르 아메디 연구실의 동영상이 올라와 있을 겁니다. 그들은 기하학적 형태라든지 옷감, 생활용품 같은 매우 복잡한 영상을 소리로 변환시켰어요.

그것을 처음 접하는 사람들한테는, 사선 같이 간단한 형태는 모르겠

지만, 소리가 약간이라도 복잡해지면 굉장히 혼란스럽게 들릴 것 같아요.

네, 특히 처음에는 그럴 거예요. 하지만 단 70시간의 특별 교육만으로도 시각 장애인들은 다양한 범주의 영상들(얼굴, 입, 도구 등등)을 정확하게 구별할 수 있어요. 얼굴의 주인까지 식별해 내기는 어렵지만, 자기 앞에 있는 것이 집이 아니라 얼굴이라는 것은 알아볼 수 있죠. 그리고 그 밖의 다른 중요한 정보들도 지각할 수 있어요. 방에 있는 사람들의 위치라든지 표정 같은 것들까지 말이에요. 게다가 낱말도 읽을 수 있습니다.

청각의 도움을 받기는 하지만 물체의 형태를 재현해 낼 수 있다는 점에서 그런 유형의 지각도 일종의 시각이라고 할 수 있겠네요. 이 '소리 시각'은 청각 영역에서 관여하나요, 시각 영역에서 관여하나요?

이스라엘 연구자들은 그 문제에 답을 찾기 위해서 기능적 MRI를 사용했어요.[34] 소리와 관련되기 때문에 청각 영역들은 당연히 활성화됩니다. 하지만 흥미로운 사실은, 얼굴이나 집이나 낱말 등에 대한 '소리 시각'이 작동될 때, 정상적으로 시각을 담당하는 영역이자 시각 장애인들의 경우에는 그 기능이 잘 알려지지 않은 대뇌 피질 영역들이 강하게 활성화된다는 점이에요. 게다가 이 시각 피질 영역들은 다양한 범주의 물체들에 대해서 정교하게 특화돼 있습니다. 무슨 말인지 설명해 드릴게요. 좌뇌의 시각 피질에는 다른 유형의 물체를 볼 때보다 글자를 볼 때 더 강하게 활성화되는 것으로 알려진 영역이 있습니다(자료 30). 그런데 시각 장애 피실험자들이 '소리 시각' 장치를 이용해서 글을 읽을 때도 정확히 똑같은 영역이 활성화돼요.

소리를 토대로 읽는데 왜 '시각' 피질이 관여하죠?

우리가 '시각' 영역이라고 부르는 대뇌 피질 영역들은 실제로 물체의 형태를 분석하는 데 특화돼 있고 (일반적으로 그렇듯이) 시각적 정보에 근거해서 이 기능을 수행해요. 그런데 소리 시각에 시각 피질이 관여한다는 것은, 시각 영역들이 이 기능을 수행하기 위해서 필요에 따라

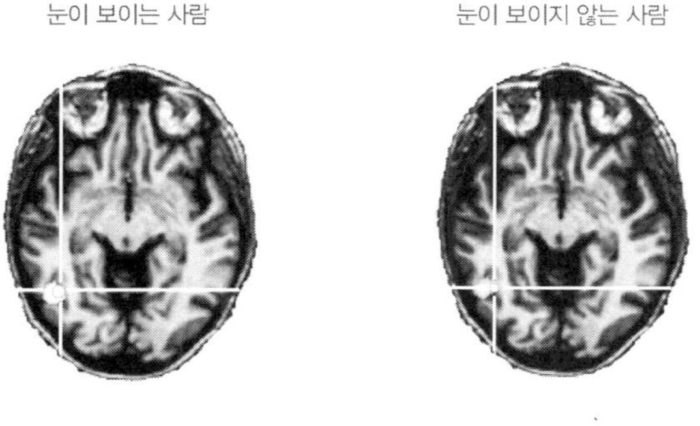

자료 30 눈이 보이는 피실험자들이 눈으로 글을 읽을 때와 시각 장애 피실험자들이 지각 대체 장치를 사용해서 '귀로' 글을 읽을 때, 정확히 동일한 시각 피질 영역이 활성화된다.

서는 청각 정보도 사용한다는 것을 시사합니다(또 다른 연구에 따르면, 시각 영역들은 촉각 정보도 사용합니다). 이 연구 결과는 과학 기술과 적절한 재적응으로 특정 뇌 영역들을 '깨우는' 것이 가능하다는 것을 보여줍니다. 일단 이 영역들이 깨어나면 그때부터 시각 장애인들은 시각적 세계에 부분적이나마 접근할 수 있게 되는 것이죠.

15장

이게 무슨 소리일까?

이명과 잡음

우리에게 주변 세계에 대해 정보를 제공해 주는 청각의 미덕에 대해서는 충분히 칭송했으니 이제는 청각 체계가 제멋대로 작동해서 전혀 새로운 소리를 만들어 내는 상황을 살펴봤으면 합니다.

감각 기관이 우리에게 전달하는 정확한 정보 속에는 옛날 전화기처럼 잡음이 끼어들 수 있는데, 이 소리는 정신을 멍하게 만들고 종종 불쾌한 느낌까지 불러 일으킵니다. 우리가 다리를 한참 꼬고 있으면 쥐가 나서 개미가 기어가는 것 같은 느낌이 들죠. 하지만 어디에도 개미는 없어요. 안구 편두통을 겪어본 적이 있는 사람이라면 빛점이 시야를 가리는 경험을 해봤을 겁니다. 그것들은 아주 깜깜한 곳에서도 보여요. 마찬가지로 청각 영역에서도 종종 고통을 수반하는 흔한 증상이 하나 있는데, 사람들은 귀의 문제로 생각할 수도 있지만 사실은 뇌에서 기인하는 증상이에요. 그것은 바로 이명입니다.

이명이 정확히 뭔가요?

이명은 외부 세계에서 나는 소리가 아니라 '머리 안에서' 또는 '귀 안에서' 들리는 잡음입니다. 이명에는 전혀 다른 두 가지 종류가 있어요. 객관적 이명은 신체 내부에서 만들어지는 실제 소리이고 우리 귀에 들립니다. 예를 들어서, 동맥이 좁아지면 피가 지나갈 때 심장 박동에 맞춰서 마치 바람 같은 소리가 나죠. 하지만 여기서 다루게 될 이명은 이게 아니에요. 우리는 주관적 이명을 다룰 예정입니다. 이것은 휘파람 소리 같기도 하고 윙윙대는 소리 같기도 한데 청각 체계가 전혀 새롭게 만들어 내는 소리예요.

이명은 흔한가요?

매우 흔해요! 60세 이상의 사람들 가운데 10~20%가 인생의 한 시기에 이명을 경험합니다. 이명을 일으키는 주된 요인은 청력 상실, 다시 말해서 난청이에요. 젊은 사람들의 경우에 청력 상실과 이명의 주된 원인은 음향 외상성 상해로, 이것은 특히 음악을 지나치게 큰 소리로 들어서 생깁니다. 나이가 많은 사람들의 경우에는 노인성, 다시 말해서 나이가 들면서 생기는 청력 저하가 원인이죠.

그 사람들은 난청 치료를 받으니까 이명도 귀에 원인이 있는 건가요?

오랫동안 그렇게 여겨져 왔는데 상황은 그것보다 더 복잡해요. 귀는 일부일 뿐이죠. 이명을 이해하려면 청각 체계에 대해서 알아야 합니다. 공기 중으로 퍼져 나가는 소리는 진동이에요. 진동은 소리의 강약에 따라서 폭이 달라지고, 소리의 고저에 따라서 속도가 달라집니다. 진동은 외이도 끝에 있는 고막에 도달해서 고막을 떨리게 만듭니다. 고막의 진동은 내이에 전달되고, 내이는 이 진동을 전기 신호로 바꿔요. 그리고 전기 신호는 청신경을 통해서 뇌간과 뇌까지 가죠. 간단히 두 단계만 기억하면 됩니다. 내이를 거쳐서 뇌로.

그러니까 이명은 내이나 뇌에서 발생하네요?

현재 견해로는, 이명은 내이의 문제로 인한 청력 상실과 뇌의 불균형한 반응이 결합해서 생기는 것입니다. 이 시나리오에 따르면 이명을 만들어 내는 것은 바로 뇌예요. 이 소리들은 환각지와 동일한 의미에서 환각음이라고 말할 수 있습니다. 팔이나 다리 절단 수술을 받은 사람이 절단된 팔다리가 여전히 있는 듯한 환각을 느낀다는 얘기는 여러분도 아실 거예요. 이 환각지는 종종 통증을 수반하죠. 뇌가 정보를 박탈당한다는 점에서 이명과 환각지는 유사한 데가 있습니다. 난청의 경우에는 귀에서 오는 정보를, 절단 수술의 경우에는 사지에서 오는 정보를 박탈당해요. 그래서 뇌는 종종 불쾌한 느낌을 동반하는 감각들을 상상으로 지어냅니다. 때에 따라서 그것은 환상통이 되기도 하고 고통스러운 이명이 되기도 하는 것이죠.

이명을 '만들어 낼' 때 뇌에서는 무슨 일이 일어나나요?

여러 가설들이 있기는 해요. 하지만 상황이 아주 복잡해서 아직은 잘 모릅니다.[35] 첫 번째 이론에 따르면, 뇌가 청력 저하를 보상하기 위해서 '소리를 높인다'고 보죠. 사람들이 웅성대고 있는 방에서 여러분이 영화를 보고 있다고 상상해 보세요. 여러분은 영화 소리를 더 잘 들으려고 텔레비전의 음향을 최대로 올릴 겁니다. 그 바람에 평소에는 들리지 않던 배경음, 다시 말해서 휘파람을 부는 듯한 소리까지 증폭돼서 들리게 돼요. 이명은 뇌의 배경음이라고 할 수 있고, 난청을 보상하기 위해서 음향을 최대로 올릴 때 들리는 소리입니다. 설명이 지나치게 은유적이 돼버렸네요. 뇌와 텔레비전은 비슷한 구석이 별로 없는데….

그 설명은 환각지와 연결이 안되는 걸요. 손을 절단하면 손의 환각을 느끼고 발을 절단하면 발의 환각을 느낀다는 것과 텔레비전의 배경음은 전혀 관계가 없어 보이는데요.

정확하게 보셨어요. 그래서 두 번째 가설은 이명을 뇌와 관련해서 설명합니다. 우선, 뇌에는 지도가 많다는 사실을 상기하셨으면 해요.

예를 들어서, 가장 잘 알려진 지도는 운동 피질 내의 신체 지도예요. 즉, 손을 움직이는 피질 영역은 팔뚝을 움직이는 피질 영역과 인접해 있고 팔, 어깨 등등으로 이어집니다. 대뇌 피질 위에 그려진 유명한 호문쿨루스(라틴어로 '소인')는 바로 이렇게 해서 나온 것이죠. 이 소인은 입이 크고 손이 거대해요(자료 31). 시각 영역의 지도도 대뇌 피질 위에 펼쳐져 있습니다. 그런데 여기서 우리의 관심을 끄는 것은 세 번째 지도인 소리 지도예요. 소리를 분석하는 청각 피질은 마치 피아노 건반 같습니다. 낮은 소리에 반응하는 구역에서부터 높은 소리에 반응하는 구역으로 점진적으로 이어지거든요. 일반적으로 난청이 되면 특히 높은 소리를 지각할 수 없어요. 그 경우에 지도상에서 높은 소리를 받아들이는 구역들은 말하자면 휴업 상태가 됩니다. 그래서 이 구역들은 점점 무질서하게 작동하게 되죠. 예를 들자면, 뇌에 정

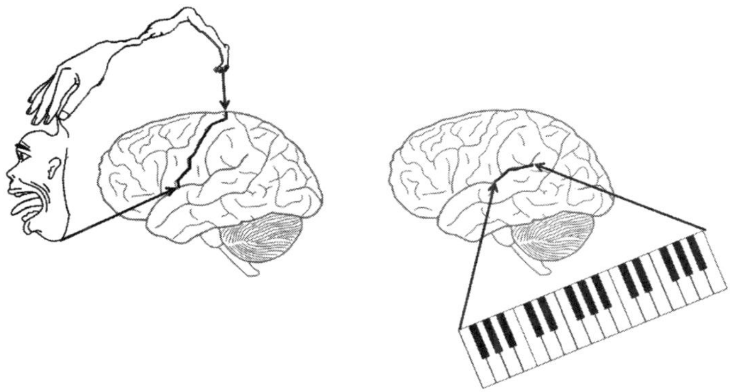

자료 31 뇌에는 많은 지도가 들어있다. 그중 측두엽에 있는 '음위(音位)' 지도에는 다양한 높낮이의 소리들이 마치 피아노 건반처럼 별개의 피질 지점들에 설정돼 있다.

상적으로 들어오는 이웃 소리들, 즉 약간 더 낮은 소리들이 이 구역들을 점령한다는 게 입증됐습니다. 요컨대 평소에 받던 정보들을 부분적으로 박탈당한 소리 지도의 이런 비정상적 작동이 이명의 원인일지 모릅니다.

앞서 비교하셨던 환각지와의 관계를 좀 더 상세히 설명해 주실 수 있을까요?

여러분이 갑자기 손 하나를 절단하는 경우가 생겨도 대뇌 피질의 신체 지도에서 이 손에 상응하는 영역들은 사라지지 않습니다. 그래서 여러분은 손이 계속 있는 것 같을 거예요. 다시 말해서 손을 느낄 겁니다. 정상적으로 받아왔던 정보들을 박탈당한 신체 지도는 비정상적으로 기능해서 환각지의 통증을 만들어 냅니다. 마찬가지로, 고통스러운 이명도 환각음의 통증 같은 것이죠.[36]

요약하자면, 이명은 난청 때문에 외부 세계로부터 단절된 청각 피질이 비정상적으로 작동한 결과라고 말할 수 있겠네요.

그렇습니다. 단, 뇌 이상은 사실상 청각 피질에 국한되지 않아요. 이명으로 고통 받는 사람들의 기능적 뇌 단층 사진을 관찰해 보면 뇌 이상이 의식 · 감정 · 기억과 연관된 영역들에까지 미치고 있다는 것을 알 수 있습니다. 비교적 최근의 한 연구에서 연구자들은 별개의 두 가지 질환을 앓고 있는 한 50세 환자를 연구했는데, 하나는 이명이고 다른 하나는 심각한 간질이었어요.[37] 일부 중증 간질의 경우에 의사들은 발작이 시작되는 대뇌 피질 부위를 찾아내기 위해서 두개골 속에, 다시 말해서 뇌 표면에 전극들을 심습니다. 그렇게 하면 정확히 발작의 시작점이 되는 부위를 수술로 제거할 수 있죠. 그 환자의 경우에도 간질 진단을 위해서 전극을 심었는데 연구자들은 이 기회를 이용해서 이명이 강화되는 시점에 뇌의 전기적 활동을 기록해서 이명을 연구했어요.

그래서 뭘 알아냈나요?

대뇌 피질을 연구하는 전기 생리학 분야에서는 종종 있는 일이지만 상황이 아주 복잡해요. 한 가지 기억할 만한 사실은, 청각 피질 너머에서도 뇌파 이상이 발견됐다는 점입니다. 앞에서 말씀드렸던 것처럼 감정(이명을 매우 불쾌하게 만드는 것) · 기억 체계(이명을 지속시키는 것) · 의식적 지각 체계(이명이 의식 영역에 침범해서 주의를 끌어당기는 것)에 관련된 체계들도 역시 비정상적 현상들의 근거지인 것이죠. 십중팔구는 이 조직망 전체가 이명의 발생과 그로 인해 유발되는 심한 고통에 관여하고 있는 것으로 보입니다.

지금까지의 내용을 간단히 요약해 주시겠어요?

이명은 일종의 소리의 단속(斷續)으로, 한편으로는 청력 결함이고 다른 한편으로는 뇌 이상입니다. 우선, 청력 결함은 청각 피질의 비정상적 작동을 초래해서 이명을 일으켜요. 그리고 뇌 이상은 감정과 기억에 관련된 체계들을 침범하죠. 이명을 악화시키는 것은 아마도 이 두 번째 단계가 아닌가 싶습니다. 긍정적으로 보자면, 적어도 이론적으로는 이런 다양한 뇌 이상들이 잠재적인 치료 목표는 될 수 있다는 점이에요.

그렇다면 이명은 어떻게 치료해야 할까요?

안타깝지만 기적적인 치료법은 없습니다. 하지만 난청 치료, 소리 자극, 다양한 치료제, 심리 치료 같은 여러 기법들이 어느 정도는 효과를 보고 있어요.

16장

상상 속 뜨거운 석쇠

가상의 통증

앞에서는 뇌가 엉뚱한 시각적 · 청각적 감각을 만들어 낼 수 있다는 사실을 살펴봤습니다. 그 감각들은 우리 주변의 세상을 충실하게 반영해주지는 않지만 그 대신 뇌 기능의 비밀을 우리에게 드러내 줍니다. 촉각도 비슷할 것 같아요. 뜨겁고 차고 아픈 것과 관련된 환각이 있는 것으로 아는데, 어떤 환각인가요?

그것은 스웨덴의 의사이자 생리학자였던 툰베리가 1896년에 발견했어요(자료 32). 그 이후로 내내 잊혔다가 약 20년 전부터 다시 연구되고 있습니다. 여러분이 만약 40°C의 물체를 만진다면 그 정도 열은 견딜 만하다고 느낄 겁니다. 그리고 20°C의 물체를 만지면 다소간 시원한 느낌을 받을 거예요. 툰베리의 환각을 일어나게 하려면 40°C

띠와 20°C 띠가 교대로 배열된 표면에 손을 대고 있어야 합니다. 그러면 차가운 눈을 한참 만졌을 때처럼 화끈거리는 느낌이 들어요. 이것을 '뜨거운 석쇠' 환각이라고 부르는데, 적절한 명칭이죠.

아플 정도로 뜨겁지도 않고 아플 정도로 차갑지도 않은데 따뜻한 띠와 차가운 띠가 교대로 배열돼 있으니 화끈거리면서 아프네요. 이 환각은 어떻게 작동되나요?

간단히 보면 이렇습니다. 뇌는 피부에서 메시지를 계속 받는데, 이것

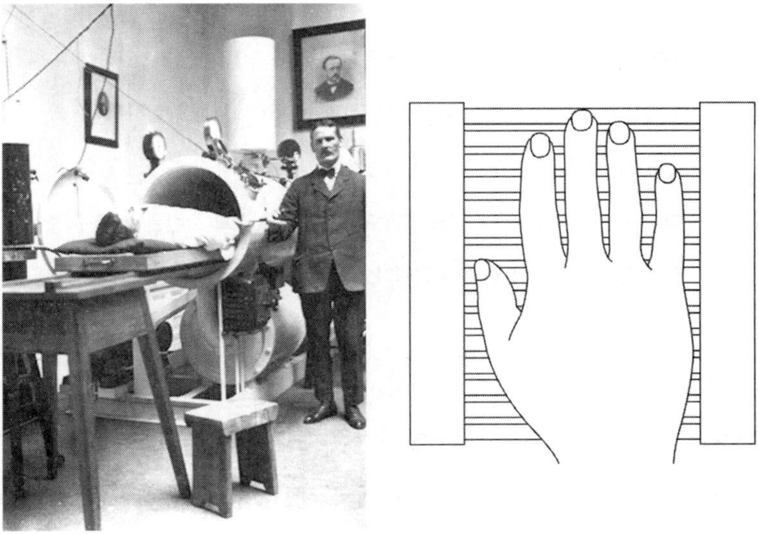

자료 32 왼쪽 사진은 생리학 실험실의 토르스텐 툰베리. 오른쪽은 따뜻한 띠와 차가운 띠가 교대로 배열된 석쇠에 피부가 닿았을 때 일어나는 환각을 알아보기 위한 실험.

들은 동시에 세 범주에서 정보를 줘요. 즉, 내가 만지고 있는 것이 따뜻한지, 차가운지, 아픈지. 뜨거운 석쇠의 모순적인 통증은 동시 발생적인 이 세 메시지의 교차 내지는 결합으로 인해서 유발됩니다. 냉기가 (어쨌든 적당히 차가운 정도라면) 통증을 줄여준다는 것은 잘 알려진 사실이죠. 그런데 냉기가 따뜻한 구역에 둘러싸이면 통증을 완화시키는 냉기의 효력이 열기에 의해서 억제되고 사라져요. 그리고 약한 냉기에 노출된 부위에서 오히려 화끈거리는 통증이 나타나죠. 이 정도로 밖에는 설명을 못 하겠네요.

이 가상의 통증은 뇌의 어느 부위에서 일어나나요?

연구자들은 뜨거운 석쇠에 손을 대고 있을 때의 뇌 활성화를 열기와 냉기를 따로따로 느낄 때의 뇌 활성화와 비교해 봤어요.[38] 그랬더니 시상이 활성화되는 것이 관찰됐습니다. 시상은 뇌 깊숙한 곳에 있는 핵으로, 감각 경로들은 이곳에서 상호작용을 하며 교대를 한 뒤 대뇌 피질로 가게 됩니다. 그리고 대뇌 피질 영역들도 일부 관여하고 있어요.

뜨거운 석쇠가 유발하는 통증은 우리가 다치거나 아플 때 느낄 수 있는 '정상적' 통증과 관계가 있나요?

어떤 통증들은 쉽게 설명할 수 있어요. 만약 제가 여러분을 세게 꼬

집으면 여러분의 피부와 신경 말단들을 자극하게 되고, 그래서 뇌로 가는 메시지는 공격이 가해지고 있다는 사실을 뇌에 정확하게 알려줄 겁니다. 여러분은 주관적으로 이 경보를 통증의 형태로서 느끼고 거기에 상응해서 반응하죠. 하지만 어떤 상황에서는 피부가 뇌에 조난 메시지를 전혀 보내지 않는데도 통증이 느껴져요. 신경 체계가 외부 세계에서 확인되지 않는 통증을 만들어 낼 때 이런 일이 생깁니다. 이른바 신경성 통증도 이렇게 정의돼요. 제가 이 얘기를 하는 이유는, 뜨거운 석쇠 통증과 신경성 통증 사이에 유사성이 있기 때문입니다. 두 경우 모두 뇌가 피부나 그 밖의 다른 기관에서 오는 메시지에 의해서 확인되지 않은 통증을 만들어 내요. 이것들은 일종의 가짜 경보인 셈이죠.

신경 체계가 만들어 내는 신경성 통증의 구체적인 예를 하나만 들어 주시겠어요?

앞에서 다뤘던 환각지를 예로 들어보겠습니다. 사고나 수술로 팔다리가 절단된 환자들은 대부분 환각지를 느껴요. 다시 말해서 절단된 팔다리가 여전히 있는 것처럼 느낍니다. 그런데 그중 80%는 환각지에 통증을 느끼며, 통증이 상당히 심한 경우도 많아요. 근질거리거나 화끈거리죠. 이것은 틀림없이 신경 체계가 만든 것으로 추정되는 신경성 통증의 극단적 사례입니다. 이를테면 다리가 아픈데 그 다리는 실제로 존재하지 않고 따라서 어떤 메시지도 보낼 수 없으니까요.

신체에서 통증이 나타나는 자리는 항상 명확한가요? 그 부위가 존재하지 않는다고 하더라도 말이에요.

위치 설정은 실제로 통증의 기본적인 특징입니다. 통증은 경보 신호예요. 이 경보는 통증을 유발하는 지점이 한편으로는 신체의 어느 곳인지, 다른 한편으로는 외부 공간의 어디인지를 우리가 알고 있을 때만 쓸모가 있습니다. 제가 불 옆에 있고 오른손을 데었다고 상상해 보세요. 저는 왼손이 아니라 오른손을 재빨리 불에서 치워야 해요. 따라서 우리가 생각하는 신체 도식에서 통증의 위치(오른손)를 정확히 결정해야 합니다. 하지만 아픈 신체 부위가 외부 공간 어디에 위치하는지도 알아야 적절하게 반응할 수 있죠. 만약 제 손이 불의 오른쪽에 있다면 저는 왼쪽이 아니라 오른쪽으로 손을 치워야 할 겁니다. 만약 손이 불의 왼쪽에 있다면 그 반대겠죠. 따라서 통증이 경보 기능을 잘 수행하기 위해서는 뇌 안에서 신체 도식과 공간을 긴밀하게 연결시켜야 합니다.

통증 · 신체 도식 · 공간의 관계를 객관적으로 연구할 수 있는 방법이 있나요?

통증 강도를 조절해 가면서 레이저 광선으로 피실험자들의 손에 통증을 일으킨 다음에 피실험자들이 통증을 0에서 100까지 단계로 평가하게 한 연구가 있었어요. 피실험자들은 오른손은 오른쪽에 왼손은 왼쪽에 둔 정상 위치에서도 평가하고, 두 손을 교차한 상태에서도 평가했어요.[39] 믿든 안 믿든, 통증은 두 손이 정상 위치에 있을 때보다 교차돼 있을 때 덜합니다. 원리가 뭐든 이 실험 결과는 통증과 위치가 긴밀하게 연관돼 있음을 보여주죠. 하지만 그 효과는 미미해서, 문에 손가락이 끼었을 때 팔을 교차한다고 통증이 가시지는 않을 거예요.

따라서 통증은 피부에서 오는 메시지뿐만 아니라 아픈 부위의 공간상 위치에서 오는 메시지의 결과이기도 하네요. 이것이 뜨거운 석쇠 환각과 어떤 관계가 있나요?

또 다른 연구에 따르면, 그 '가상' 통증은 공간상 위치에 예민하게 영향을 받는 것으로 밝혀졌습니다.[40] 연구자들은 뜨거운 석쇠 대신에 간단히 손가락 세 개로 실험을 했어요. 즉, 따뜻한 띠와 차가운 띠가 교대로 배열된 석쇠를 쓰지 않고 검지와 약지는 따뜻하게 하고 중지는 차게 합니다(자료 33). 이렇게 하면 분명히 중지에 화끈거리는 느낌이 생길 거예요. 중지는 따뜻한 부위에 둘러싸인 차가운 부위에 해당하니까요. 또 한편으로 연구자들은 공간상 위치가 감각에 어떤 영향을 미치는지 알아보기 위해서 피실험자들에게 검지와 중지를 교차해 보라고 합니다.

왜죠? 그렇게 하면 화끈거리는 느낌에 변화가 생기나요?

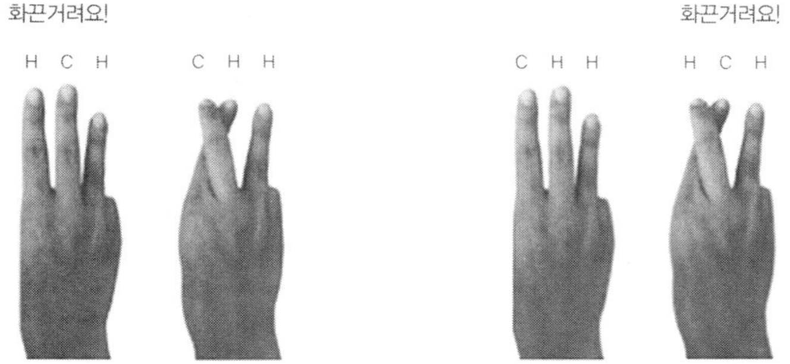

자료 33 화끈거리는 느낌을 유발하기 위해서는 반드시 차가운 손가락(C)이 따뜻한 손가락들(H)에 둘러싸여야 한다. 손가락을 교차시켜서 인위적으로 이 상황을 만들어 낼 수도 있다.

바로 그거예요! 환각은 따뜻한 손가락 두 개가 찬 손가락을 둘러싸고 있는 경우에만 자연스럽게 작동합니다. 그런데 '둘러싼다'는 게 무슨 뜻일까요? 정상 위치에서는 중지가 해부학적 구조로나 공간상으로나 검지와 약지 사이에 있습니다. 그와 반대로 손가락들을 교차하면 중지는 해부학적으로는 분명히 중지와 약지 사이에 있지만 공간상으로는 가장자리에 위치하고 검지가 가운데로 가죠. 요컨대 이 방법은 환각이 일어나기 위해서 무엇이 중요한지를 결정할 수 있게 해줍니다. 차가운 손가락이 열기로 둘러싸인다는 것이 해부학적 구조를 의미하는 것인지 통상적 의미에서의 외부 공간을 의미하는 것인지를 말이죠.

과연 어느 쪽일까요?

환각에 중요한 것은 공간상 위치인 것으로 밝혀졌어요. 화끈거리는 느낌의 환각이 나타나기 위해서는 (해부학적 구조와 상관없이) 찬 손가락이 공간상으로 따뜻한 손가락들에 둘러싸여야 합니다. 예를 들어서, 검지가 찬 손가락이라면 손가락을 교차해서 중지와 약지 사이에 검지가 위치하는 경우에만 화끈거려요.

이해했습니다. 그런데 솔직히 말해서 신경 과학자들은 좀 유별난 데가 있네요! 이런 연구가 인류 복지에 어떤 기여를 할 수 있을까요?

우선, 기초 과학은 그 자체로 존립할 가치가 있습니다. 이 경우에는 지각과 통증의 작동 원리들을 발견하는 일이죠. 하지만 이 연구는 신체의 한 부위에서 일어나는 통증이 무엇에 종속돼 있는지도 보여주고 있습니다. 즉, 통증은 특정 신체 부위가 뇌로 보내는 정보뿐만 아니라 상황에도 종속돼 있어요. 여기에서 상황은 아픈 부위의 주변 정황(찬 손가락을 둘러싸고 있는 손가락들의 열기), 즉 공간상에서의 신체 위치입니다. 특히 신경성 통증 같은 일부 통증들의 경우에는, 아픈 부위가 아닌 다른 곳에 자극을 줘서 신체 부위의 위치를 속이는 방법으로 통증을 완화시킬 수 있을지 모릅니다.[41] 하지만 우리가 이런 방법을 쓸 일은 없기를 바랍니다!

17장

코끝에서 맴도는 냄새

이제까지 우리는 시각 · 청각 · 촉각에 대해서 살펴봤습니다. 그 밖의 두 감각은 후각과 미각인데, 이것들은 약간 소홀한 감이 없지 않아요. 후각과 미각에 관해서는 언급할 만한 흥미로운 점이 없나요?

실제로 이 두 감각은 좀 등한시되고 있습니다.[42] 만약 시각 상실과 후각 상실 중에서 선택을 해야 한다면 망설일 사람은 아무도 없을 겁니다. 우리가 사고를 당하면 보험 회사는 신체 장애를 수량화한 계산표를 기준으로 보상을 하는데, 가장 많이 사용되는 계산표에 따르면 후각의 완전한 상실로 인한 장애와 시각의 완전한 상실로 인한 장애의 비율은 5% 대 85%예요.

그것은 아마도 인간의 후각이 발달돼 있지 않기 때문일 겁니다. 어쨌든 동물보다는 훨씬 덜 발달돼 있는 것처럼 보여요.

개에 비한다면 인간에게 후각은 그렇게 중요하지 않지만, 사실 인간의 후각은 대단히 민감합니다. 부엌에서 가스가 새면 여러분은 가스 냄새를 맡을 거예요. 가스 자체는 냄새가 없지만 의도적으로 냄새를 첨가해 놨기 때문이죠. 그런데 이 향기 분자의 함유량이 10억분의 1만 돼도 사람들은 냄새를 감지할 수 있습니다. 10억분의 1은 올림픽 수영장에 향수 3방울을 떨어뜨린 것과 같아요. 함유량이 이것보다 1,000배 적어도 냄새를 감지할 수 있는 물질도 있고요.

선생님께서는 우리가 냄새를 잘 감지한다고 하셨는데 냄새를 구분하는 능력도 좋은가요?

향기 분자들은 화학 구조가 매우 유사해도 주관적으로 상당히 다른 느낌을 불러일으킬 수 있습니다. 이것과 관련해서 사람들이 재미있는 실험을 했어요. 연구자들이 100명에게 똑같은 티셔츠를 24시간 동안 계속 입고 있게 했어요.[43] 그런 뒤에 모든 참여자들에게 티셔츠를 한 장 한 장 냄새를 맡게 했더니 사람들은 냄새만으로도 티셔츠 100벌 가운데서 자기 티셔츠를 찾아낼 수 있었습니다. 동일한 주제로, 개 주인들이 오로지 냄새만으로 다른 개들 속에서 자기 개를 찾아낼 수 있다는 것을 입증한 연구도 있습니다.[44] 주인이 개 냄새를 맡다니, 주객이 전도됐네요. 아마도 여러분들은 이 이야기를 더 흥미있어 할 것 같은데요. 아기들은 태어나서 불과 며칠도 지나지 않아서 자기 엄마 냄새를 구별하고, 엄마들도 자기 아기 냄새를 구별해요.[45]

> **약간 등한시된 감각이긴 하지만 코도 아주 예민하네요. 눈과 귀처럼 코도 우리 주변의 사물들을 구별하는 데 도움이 되는군요.**

앞에서 말씀드렸듯이 우리는 냄새를 감지하고 그것들을 구분하는 능력이 아주 좋습니다. 하지만 냄새만 가지고 물건을 식별해 내는 재주는 없어요. 이것은 쉽게 실험해 볼 수 있습니다. 집안을 돌아다니면서 냄새가 나는 익숙한 물건들을 다양하게 모아 보세요. 비누, 계피, 초콜릿, 치약 등등. 그런 다음에 아무한테나, 눈을 감고 그 물건들의 냄새를 차례로 맡으면서 물건 이름을 맞히게 해 보세요. 선험적으로 우리는 이게 쉬울 거라고 생각하죠. 실제로는 대략 둘 중에 하나 정도만 물건을 알아맞힙니다.[46] 어쨌든 제일 익숙한 물건을 제일 낯선 물건보다 쉽게 알아보기는 해요. 실패하는 경우에도 우리는 종종 아주 익숙한 느낌을 받습니다. '맞아, 나 이 냄새 확실히 알아.' 그런데 딱 거기까지예요. 우리가 아는 낱말인데 입안에서 맴돌면서 생각이 나지 않을 때가 있죠. '코끝에서 맴도는 냄새'도 마찬가지입니다. 무슨 냄새인지는 모르겠는데 조금만 더 생각하면 알아낼 수 있을 것 같은 느낌이 드는 거예요.

'코끝에서 맴도는 냄새'를 식별하는 데 도움이 될 만한 게 있을까요?

만약 제가 여러분에게 딸기 냄새를 맡게 했는데 여러분이 알아맞히지 못했다고 해봐요. 제가 여러분에게 그림이나 이름(딸기, 바나나, 장미…)을 몇 개 제시해 주면 여러분은 그 즉시 그게 딸기 냄새라는 것을 알아냅니다. 하지만 냄새 인식은 불안정해서 모든 종류의 영향과 제안에 민감해요. 예를 들어서, 사람들한테 오렌지색 체리 음료를 주고 맛을 보게 하면 사람들은 그것을 오렌지 맛이나 살구 맛으로 느끼는 경향이 있습니다. 그런데 음료가 초록색이면 라임 맛이라고 생각하는 경향이 있어요.[47]

익숙한 사물들을 외관으로 식별하기보다 냄새로 식별하기가 더 어려운 이유는 뭔가요?

후각의 대뇌 경로가 다른 감각들의 대뇌 경로와 판이하게 다르기 때문일 겁니다. 콧구멍에서 향기 분자들은 뉴런들에 안착되는데, 이 뉴런들은 후각 망울과 직접 연결돼 있고 이어서 대뇌 피질로 뻗어 있습니다. 오른쪽 콧구멍은 우뇌에 왼쪽 콧구멍은 좌뇌로 말이죠. 이것은 시각이나 청각과 비교하면 매우 짧은 회로이고, 따라서 그것들과는 매우 달라요.

따라서 후각은 우리 스스로도 잘 이해하기 어려운 감각이군요. 우리

가 무슨 냄새를 맡는지도 알기 어렵고 냄새를 묘사하는 일조차 어려우니까요. 영상은 묘사할 수 있지만('이것은 둥글고, 초록색이고, 작아.') 냄새에 대해서는 구체적으로 묘사를 하지 못하고 비교밖에 할 수 없어요('이것은 계피 냄새랑 비슷하고 딸기 냄새하고도 비슷해….'). 마치 후각은 '우리 모르게' 기능을 수행하는 것 같습니다.

사실 우리가 무의식적으로 맡는 냄새들은 우리 행동에 실질적으로 영향을 끼칩니다. 가장 잘 알려진 예는 기숙 학교나 수녀원 같은 공동체 생활을 하는 여자들의 생리 주기가 일치하는 현상이에요. 이 동시화 현상은 여자들이 생리 주기에 만들어지는 화학 물질의 냄새를 무의식적으로 맡은 결과라고 밝혀졌습니다. 또 다른 예를 보자면, 구인 면접을 하는 상황에서 여자들에게 '남자 냄새'에 들어 있는 페로몬을 그들 모르게 맡게 하면 남자들에게 더 긍정적인 판단을 내린다고 해요. 게다가 직관적으로 생각해 봐도 냄새는 서로에게 매력을 느끼게 만드는 데 일조하죠. 우리가 그 냄새를 알아차리지 못하는 경우에도 분명히 그렇습니다.

후각도 훈련을 받으면 좋아지지 않을까요? 포도주 애호가는 초심자들이 감지하지 못하는 포도주의 풍미를 느낄 수 있으니까요.

정확히 말씀하셨어요. 냄새를 감지하고, 구분하고, 확인하는 능력은 경험과 학습에 의해서 개선됩니다. 게다가 이 능력을 뒷받침해 주는 해부학적 증거도 있어요. 전문 조향사와 일반인의 뇌 MRI를 비교해 본 결과, 전문 조향사들은 콧구멍 바로 위에 있는 대뇌 피질 영역에서 회백질이 더 발달돼 있고, 부피도 컸습니다.[48] 게다가 굳이 조향사들을 찾을 것도 없어요. 조향사가 아닌 사람들의 경우를 봐도, 후각이 좋은 사람들은 냄새에 둔감한 사람들보다 전두엽 아래쪽의 대뇌 피질이 해부학적으로 약간 더 발달돼 있습니다.[49]

18장

만능 혀

미각을 간단히 다루고 3부를 마무리했으면 합니다. 미묘한 인식 능력에 대한 논의는 이제 그만하고 분위기를 바꿔서 중요한 미각 기관인 혀에 관한 이야기를 들어봤으면 해요. 미각 외에 혀의 다른 많은 기능들에 대해서도 알고 싶습니다.

혀는 전체 길이가 약 10센티미터입니다(개미집 속으로 혀를 집어넣어서 먹이를 찾는 개미핥기는 혀 길이가 60센티미터로 우리보다 길죠). 우리가 자주 잊는 사실인데, 혀는 목 윗부분에 있는 설골이라는 작은 뼈에 매달려 있어요(설골을 뜻하는 hyoid는 'U자 형태'를 의미합니다). 혀는 8개 근육을 사용해서 대단히 정교하게 움직이며, 식생활과 언어에서 중요한 역할을 합니다. 감각의 측면에서도 미각에서 수행하는 역할 때문에 혀는 당연히 중요해요.

혀의 움직임부터 살펴볼까요. 먹고 마시고 이를 닦을 때 혀가 중요하다는 것은 당연한데… 언어에서 혀가 하는 역할은 정확히 뭔가요?

음성학에 대해서 짧게 설명해 드릴게요. 모음을 발음할 때 우리는 바람이 관을 빠져나가듯이 자연스럽게 입에서 바람을 내보냅니다. 그리고 관의 형태만 바꿔서 다양한 모음들을 발음해요. 입술과 입천장, 턱의 위치를 조정하고 혀의 형태를 바꾸면서 말이죠. 혀는 혀 앞쪽이나 뒤쪽에 기복을 만들어서 형태를 바꿀 수 있어요. 예를 들어서, 혀의 위치가 '이'를 발음할 때는 높고 '아'를 발음할 때는 낮으며 '에'를 발음할 때는 그 중간입니다. 자음을 발음할 때는 입안에서 바람을 막는 위치와 정도를 조절해서 다양한 소리를 냅니다. 예를 들어서, '타'를 발음할 때는 혀가 입천장과 완전히 닿았다가 빠르게 떨어지면서 '아' 소리를 냅니다. 혀와 입천장을 좁혀서 바람을 조금만 내보내면 '타'가 아니라 '싸'를 발음하게 되죠. 만약 혀의 앞쪽이 아니라 뒤쪽이 입천장의 뒷부분과 만나면 '타' 대신에 '카' 소리를 내게 됩니다. 직접 해보세요!

말을 하기 위해서 혀를 정확하고 섬세하게 움직이는 것은 누구나 할 수 있는데 혀를 관처럼 동그랗게 마는 것은 아무나 못 해요!

맞습니다. 그런데 그렇게 할 수 있다고 해도 너무 자랑하지는 마세요. 사람들 가운데 70%는 혀를 말 수 있거든요.

혀를 말 수 있게 해주는 고유한 유전자가 있어서 유전 형질의 대표적 사례로 이 혀 말기가 쓰이지 않을까 싶은데요. 그렇지 않나요?

아니요. 어쨌든 혀 말기는 100% 유전되지는 않아요. 혀 말기의 유전에 대해서 자세히 연구한 연구자들이 있었어요. 만약 여러분의 부모 모두 혀 말기를 할 수 있으면 여러분도 할 수 있을 확률이 90%입니다. 그리고 여러분의 부모 중 한쪽이 혀 말기를 할 수 없다면 여러분이 혀를 말 수 있는 확률은 3분의 1이에요. 따라서 중요한 유전적 요소가 존재하기는 하지만 절대적인 것은 아닙니다. 유전 형질이 동일한 일란성 쌍둥이의 경우에도 일치하지 않을 때가 있어서, 한 사람은 할 수 있고 다른 한 사람은 못 하기도 해요.

혀의 움직임을 방해하는 신경 질환은 없나요?

혀의 모든 근육은 좌우의 두 설하 신경에 의해서 움직입니다. 만약 이 신경들 중 하나의 경로가 손상되면 혀 반쪽이 마비되고 얇아져요. 그래서 이런 환자에게 혀를 내밀어 보라고 하면 혀가 마비된 쪽으로 휘어요. 두 신경으로부터 명령을 받은 근육들이 자기가 담당하는 쪽의 혀를 밖으로 밀어내기 때문이죠.

신경의 상부에서 혀의 움직임을 명령할 수 없게 방해하는 대뇌 병리도 있겠죠?

혀의 마비를 포함해서 매우 다양한 증상이 존재합니다. 이를테면, 파킨슨병에서 나타나는 떨림 같은 비정상적 움직임이 있어요. 그 밖에 운동 장애도 있습니다. 이것은 움직임이 통제할 수 없을 정도로 꼬이는 것인데, 혀에도 생길 수 있고 얼굴 전체로까지 확대될 수 있어요. 이 운동 장애는 신경 이완제 때문에 생길 수 있는 부작용입니다.

지금까지는 혀의 움직임에 대해서 살펴봤습니다. 이제는 미각의 작동 방식에 대한 설명을 들어봤으면 하는데, 혀는 미각에서 필수불가결한 존재죠.[50]

간단히 설명하자면, 영양 분자들은 침에 녹아서 맛 세포에 접촉합니다. 맛 세포는 혀를 덮고 있는 유두들 위에 50개에서 100개씩 모여 있어요. 이 맛 세포의 표면에는 수용체라고 부르는 거대 분자가 있는데, 이것들이 영양 분자들을 감지해요. 이 정보는 뉴런으로 전달되고 뉴런은 이것을 뇌로 전달합니다. 이 정보 전달은 움직임을 통제하는 데 사용되는 신경과는 다른 신경 경로를 이용해요.

혀가 감지할 수 있는 맛은 단맛 · 짠맛 · 신맛 · 쓴맛 네 가지가 있다고 배웠어요. 그리고 혀에는 정확한 지도가 있어서 단맛은 혀의 앞

쪽, 쓴맛은 혀의 뒤쪽 등으로 나뉘어져 있다고 들었는데, 맞나요?

말씀하신 것 중에 일반적으로 잘못 알고 있는 사실이 두 가지 있어요. 우선, 기본 맛은 네 가지가 아니라 다섯 가지입니다(사람에 따라서는 여섯 가지라고도 해요). 전통적인 네 가지 맛에 감칠맛이 더해지죠!

감칠맛이라고요?

감칠맛은 20세기 초에 일본의 이케다 교수가 확인한 맛입니다(감칠맛의 학술용어는 우마미로 '맛있다'는 뜻입니다). 이것은 닭 국물 맛과 비슷한데, 다른 맛들과 결합해서 요리를 더 맛있게 만들어 줍니다. 감칠맛을 기본 맛에 첨가한 이유는 이것이 글루타민산염이 내는 맛이기 때문이에요. 글루타민산염은 동양에서 매우 흔히 쓰여요. 이케다 교수는 전통적으로 국물 맛을 내는 데 사용되고 있던 해초에서 글루타민산염을 추출해서 이것이 감칠맛의 훌륭한 원료가 될 수 있다는 사실을 밝혀내기도 했습니다.

따라서 맛은 네 가지가 아니라 다섯 가지로군요.

여섯 번째 맛이 있다고 말하는 사람들도 있는데, 그것은 기름맛이에요. 그리고 혀를 거치지만 미각이 아니라 촉각의 영역에 속하는 감각들도 있습니다. 음식물의 질감이라든지 박하의 차가움, 고추의 화끈거림 같은 것들이 여기에 해당하죠. 이것들은 피부로 느끼는 감각이며 정확히 미각의 영역에 속하지는 않습니다.

앞에서 제가 잘못 알고 있는 사실이 두 가지라고 하셨는데 또 하나는 뭔가요?

맛의 구간이 정확히 나뉘어져 있는 일종의 혀 지도가 있어서, 이를테면 단맛은 혀끝에서 느낀다고 하셨죠. 그런데 그렇지 않습니다. 약간 차이가 있을 수는 있어도 사실상 혀 표면 전체가 모든 맛을 다 느낄 수 있어요.

4부

돌아온 수학의 혹

주변 상황을 지각하기 위해서 보고, 듣고, 만지는 것은 인간에게만 있는 특성이 아닙니다. 마카크 원숭이 역시 (거의) 우리처럼 보고, 듣고, 만지겠죠. 지금부터는 인간에게만 탁월하게 발달돼 있다고 알려진 영역, 즉 수의 조작 · 암산 · 수학으로 화제를 돌려 보겠습니다. 뇌의 계산 메커니즘은 무엇일까요? 뇌 손상은 수를 구사하는 능력에 어떤 피해를 줄까요? 어떻게 하면 아이들이 '수학 공포증'에 걸리지 않게 도울 수 있을까요? 우선, 재미있는 이야기부터 하나 해볼까 합니다.

19장

집 없는 아이, 자크 이노디

골상학과 수학의 혹

지금부터 유명한 계산 천재였던 자크 이노디의 인생 이야기를 들려드릴게요. 역사적 관점에서 봤을 때 매우 흥미로운 인생이에요. 이 불쌍한 이탈리아 소년의 인생은 19세기의 가장 유명한 프랑스 신경 과학자들인 폴 브로카와 장-마르탱 샤르코의 인생과 얽혀 있습니다.[51]

그렇다면 이야기는 이탈리아에서 시작되나요?

네. 자크 이노디는 1867년 이탈리아 피에몬테의 매우 빈곤한 가정에서 태어났습니다(자료 34). 그의 어머니는 그가 겨우 5살이었을 때 죽어요. 하지만 자크 이노디의 인생으로 들어가기 전에, 그보다 60년 전인 19세기 초로 거슬러 올라가 보겠습니다. 그 당시는 골상학의 아버지인 F. J. 갈의 전성기였어요. 갈은 언어 · 감정 · 청감 · 음악 같은 각 기능들을 뇌의 별개 영역들이 담당하고 있다는 생각을 발전시켰습니다. 이것은 골상학이라는 이름으로 알려진 이론이죠. 뇌 영역들이 특화돼 있다는 생각은 현대 과학에 의해서 확인됐지만, 갈의 시대에는 뇌 영역 각각의 기능에 대해서 객관적으로 규명하는 것이 거의 불가능했습니다. 갈은 아주 터무니없는 가설을 세웠어요. 숫자 감각, 즉 계산 능력이 관자놀이와 이마 사이의 뇌 영역에 자리를 잡고 있다고 주장했죠.

다른 데도 아니고 굳이 왜 그 자리인가요?

갈은 파리에 정착해서 성공하기 전에 오스트리아에서 살았는데, 그 때 소개받은 한 소년한테서 처음으로 그것을 관찰하게 됐다고 해요.

자료 34 오른쪽에서 왼쪽 순으로, 자크 이노디의 성인기 사진, 유년기의 초상화, 정확하지 않은 것으로 추정되는 그의 머리 형태.

그 아이는 평범한 대장장이의 9살짜리 아들이었는데, 놀라운 계산 능력으로 유명했어요. 굉장히 복잡한 덧셈 · 곱셈을 암산으로 할 수 있었죠. 갈은 비슷한 사례들을 언급하면서, 이 사람들은 눈 바로 옆쪽의 두개골 부위에 일종의 혹이 있는데 이것 때문에 눈꺼풀이 눈꼬리를 덮고 있다고 설명했어요(자료 35). 그는 그 후에도 여러 차례 같은 현상을 관찰했고 이것을 근거로 그 유명한 '수학의 혹', 다시 말해서 유일하고 진정한 수학적 능력의 자리를 발견했다고 주장합니다. '수학의 혹'이라는 표현은 갈이 남긴 골상학의 유산으로 2세기가 지난 지금까지도 일상 용어로 쓰이고 있어요. 갈에 따르면, 이 혹은 그 밑의 대뇌 피질 영역이 대단히 발달돼 있다는 표시인 동시에 그 자리가 수학과 관련된 영역임을 입증해 주는 것입니다.

그렇다면 계산 천재들에 대한 갈의 관찰은 암산의 뇌 메커니즘에 대

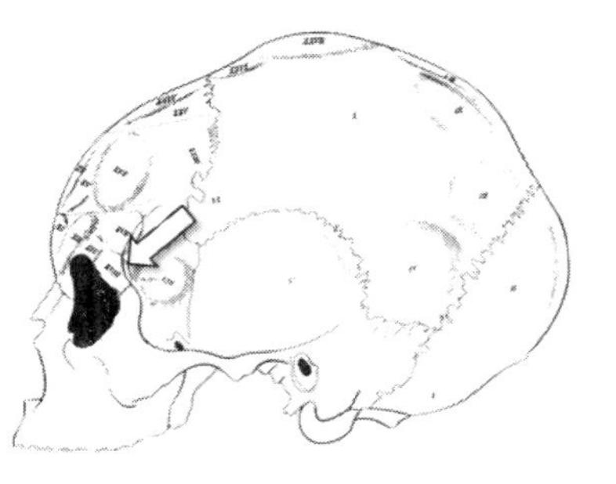

자료 35 골상학자 F. J. 갈은 위의 두개골 그림에서 화살표로 표시된 XⅧ번을 '수학의 혹', 즉 수학적 능력이 위치한 자리로 규정했다.

한 최초의 연구라고 말할 수 있겠네요?

그런 셈이에요. 파리의 경우를 예로 들자면, 19세기에 프랑스 과학 아카데미는 많은 의문을 품고 (이들은 어떤 식으로 계산을 할까? 그들의 뇌에 특별한 점이 있을까?) 비범한 계산 능력을 보이는 사람들을 연구했습니다. 그 과정에서 그들은 수학적 능력과 그것의 위치에 대한 갈의 이론을 많이 참조했어요. 바로 이런 상황에서 어린 자크 이노디가 파리에 오게 된 것이죠.

이노디의 전기로 되돌아가 볼까요. 1867년에 가난한 이탈리아인 가정에서 태어났고 그 뒤에….

어머니가 죽은 뒤에 이노디는 양치는 일을 했어요. 그의 회고록에 따르면, 머릿속에서 수를 가지고 놀기 시작한 게 바로 그때였다고 해요. 중요한 점은, 그가 글씨를 읽을 줄 몰랐고 그래서 숫자를 이름으로만 알았다는 사실입니다. 형은 그에게 수 세는 법을 가르쳐줬는데 처음에는 100까지만 가르쳐줬다고 해요. 그 뒤로 이어지는 이야기는 완전히 엑토르 말로의 소설 『집 없는 아이』예요. 고아가 된 세 형제는 (자크는 겨우 7살입니다.) 프랑스 남부로 가서 손풍금을 연주하며 동냥질을 합니다. 그때부터 자크는 계산 능력으로 사람들을 놀라게 하면서 푼돈을 벌기 시작합니다. 이 어린 공연단은 마르세유까지 가게 되는데, 그곳에서 자크는 구두닦이를 하다가 그만두고

카페를 돌아다니면서 돈을 벌기 시작해요. 예를 들어서, 손님이 자크에게 생일을 알려주면 그 사람이 산 시간을 햇수도 달수도 아닌 분 단위로 곧장 계산해 줬다고 해요!

이노디의 슬픈 인생이 '성공담'으로 바뀐 것은 그때인가요?

때는 1879년, 자크가 12살이 되면서 신문에 그에 대한 기사가 실리기 시작합니다. 그는 한 공연 기획자를 따라서 파리로 갑니다. 그리고 대중 앞에서 공연을 하면서 학계와도 접촉해요. 앞에서 말씀드렸던 것처럼 이노디 전에도 여러 명의 계산 천재들이 학자들과 과학 아카데미를 흥분시켰죠. 1880년에 프랑스 인류학회에서 그는 프랑스의 유명한 과학자이자 의사였던 폴 브로카와 만나게 됩니다. 그 학회의 목적은 과학적 관점에서 인간의 본질을 연구하는 것이었어요. 브로카는 어린 이노디가 어떤 식으로 계산을 하는지 알고 싶어 했고 실제로 그가 쓴 방법들 일부를 밝혀내기도 했습니다.

이노디는 어떤 식으로 계산을 했나요?

그가 사용했던 중요한 두 수단은 기억과 곱셈이었던 것으로 보입니다. 브로카는 그에게 65,536의 제곱근을 계산하게 했어요(아시다시피, 256이죠!). 그리고 옆에서 이노디를 관찰했고 서로 의논도 하면서 그가 계산한 방식을 그대로 재현해 봤어요. 이노디는 제곱수를 많이 외우고 있었고, 그것들을 이용해서 65,536의 제곱근이 250(이것의 제곱수는 62,500)과 260(이것의 제곱수는 67,600) 사이에 있다는 것을 알아냈습니다. 그런 다음에 그는 다양하게 계산을 해봤어요. 251×251, 252×252 등등. 254는 너무 작고 257은 너무 크다는 것을 알고 이노디는 255가 답이라고 추측했죠. 브로카는 그에게 틀렸다는 것을 알려주고, 5로 끝나는 수를 5로 곱하면 6이 아니라 5로 끝나는 수가 나온다는 것을 가르쳐줬습니다. 이노디는 브로카의 설명을 전혀 이해하지 못했고, 브로카는 이노디가 일반적인 계산 방식을 전혀 모른다는 사실을 깨달았어요.

이노디는 읽을 줄도 모르고 쓸 줄도 몰랐는데 어떻게 곱셈을 할 수 있었을까요?

계산 천재들은 대부분 '시각적 유형'입니다. 마치 상상의 칠판처럼 머릿속에 숫자의 모습을 분명하게 떠올리고 이 표상을 이용해서 계산을 하는 것이죠. 하지만 이노디는 글을 몰랐기 때문에 수의 이름을 머릿속으로 떠올려서 상상으로 그 소리를 들었어요. 그리고 수의 청각적 표상들을 이용해서 곱셈을 했습니다.

계산 천재들은 특별한 재능을 지닌 자폐증 환자라는 얘기를 종종 듣습니다. '천재 백치'라는 불쾌한 이름으로 불리기도 하고요. 이노디도 그런 경우였나요?

전혀 아니에요. 이노디를 만났던 사람들은 한결같이 그가 재기 발랄하고 사교적인 소년이었다고 말합니다. 특히 소위 '고기능' 자폐증의 징후인 관계 맺기의 문제는 전혀 없었어요.[52]

그 뒤에 자크 이노디의 인생은 어땠나요?

1880년에서 1890년 사이에 그는 읽기와 쓰기를 배웠고 암산 실력은 계속 좋아졌어요. 1892년에는 또 한 명의 위대한 신경과 의사인 샤르코 교수가 그를 연구했습니다. 브로카처럼 샤르코도 이노디의 능력에서 기억력이 중요한 역할을 한다고 봤어요. 이노디는 평생을 공연장에서 계산과 기억력 시범을 보이는 '기억술사'로 활동했습니다. 그리고 은퇴한 뒤에는 프랑스의 샹피니-쉬르-마른에서 살다가 1950년에 사망했어요.

끝으로, 이 장의 도입부에서 말씀하셨던 얘기로 되돌아가 보죠. 19세기에 자크 이노디에게 관심을 가졌던 많은 사람들은 골상학적 관점에서 그의 두개골 형태와 혹에 흥미를 느꼈어요. 이노디의 두개골 형태에 대해서는 알려진 게 있나요? 그 유명한 수학의 혹이 이노디에게도 있었는지 궁금합니다.

애초에 수학의 혹이라는 것은 없습니다. 이노디가 어린 소년이었을 때 파리에서 그를 만났던 사람들은 그의 머리가 크고 특히 왼쪽 이

마가 많이 튀어나왔다는 점을 주목했어요(앞의 자료 34를 볼 것). 그의 여러 초상화와 12살 때의 두개골 도식에서 나타나는 그 특징은 틀림없이 과장됐을 겁니다. 그 두개골 모습은 대단히 기형적이에요. 성인이 됐을 때 찍은 사진을 보면 그의 외형은 지극히 정상입니다. 그리고 이것은 샤르코가 내렸던 결론이기도 해요. 샤르코는 골상학의 경박한 유행을 좇을 생각이 전혀 없었죠. 다음 장에서도 수학의 혹 문제를 계속 다뤄보고자 합니다. 오늘날 우리는 많은 대뇌 영역들이 암산과 연관돼 있다는 사실을 알고 있어요. 이 영역들은 갈이 말했던 자리는 아닙니다. 어쨌든 수학적 능력이 혹으로 드러나지는 않아요!

20장

수학적 능력은 어디에?

골상학의 시대는 지나갔고, 수학의 혹이 존재하지 않는다는 사실을 우리는 알고 있습니다. 그렇다면 수학적 능력은 어디에 자리를 잡고 있는지 궁금하네요.

이제부터는 수학의 혹 대신에 '수 감각'에 대해서 얘기해 보겠습니다. 여러분은 한쪽에 배 3개가 있고 맞은편에 오렌지 8개가 있으면 어느 쪽에 과일이 더 많은지 금방 알 수 있어요. 이것은 먹을 것을 구하는 데나 (과일이 더 많이 달린 나무 고르기) 위험을 피하는 데 (적이 많을 때 도망가기) 있어서 극히 중요한 기본 능력이라고 할 수 있죠.

그 능력이 인간에게 유용한 것은 틀림없어요. 하지만 꼭 인간에게만

해당되는 것은 아니에요.

실제로 바퀴벌레와 도롱뇽에서부터 비둘기, 사자, 그리고 특히 원숭이에 이르기까지 아주 다양한 동물들이 수에 대한 이런 판단 능력을 가진 것으로 밝혀졌어요. 그리고 인간의 경우에는 아기들이 말하기를 배우기도 전에 (사실상 신생아 때부터) 수량을 지각한다는 사실이 밝혀졌습니다. 이 기본적인 수량 지각 능력은 언어 · 추론과 결합해서 수학적 역량을 현저하게 발전시키는데 이것은 인간만의 특성이죠. 하지만 수량에 대한 동물적 감각이 수학적 능력의 기본 요소라는 사실은 변함이 없어요. 예를 들어서, 십대 청소년들에게 화면상의 검은 점들과 흰 점들 가운데 어느 쪽이 더 많은지 판단하게 했을 때 잘하는 아이들도 있고 못하는 아이들도 있습니다. 그런데 간단한 이 수량 지각을 잘하는 아이들이 수학을 잘하고, 또 역으로 수학을 잘하는 아이들이 수량 지각도 잘해요.[53]

수량을 판단하는 이 능력, 다시 말해서 수량에 대한 이런 동물적 감각을 담당하는 고유한 대뇌 영역이 있나요?

몇 년 전에 특별히 중요한 영역 하나를 찾아냈습니다. 두정엽, 더 정확히 말하자면 두정엽내 고랑이라는 이름으로 알려진 깊은 주름 속에 위치한 영역이에요. 이 사실을 처음 알게 된 것은 뇌졸중으로 이 영역에 손상을 입은 환자들이 '계산치'가 될 가능성, 즉 수와 계산 분야에서 장애가 생길 가능성이 있다는 것 때문이었어요. 더 최근에는 뇌 단층 사진을 통해서, 우리가 수량을 다루는 암산을 할 때 이 영역이 곧바로 활성화된다는 사실이 밝혀졌습니다. 마카크 원숭이들의 경우에는, 물체를 쳐다볼 때 물체 개수에 따른 뉴런들 각각의 활성화까지도 기록할 수 있었어요(자료 36). 원숭이가 물체 1개를 볼 때, 2개를 볼 때, 3개를 볼 때 활성화되는 뉴런들을 찾아냈다는 얘기죠. 우리 인간들에게도 동일한 종류의 뉴런들이 있을 것으로 추정됩니다.

인간의 경우에는 원숭이에게 하듯이 뉴런을 개별적으로 기록하는 것이 불가능할 것 같은데요. 1, 2, 3을 알 수 있다는 그 대단한 뉴런들의 구조를 기능적 단층 사진을 이용해서 보는 방법은 없나요?

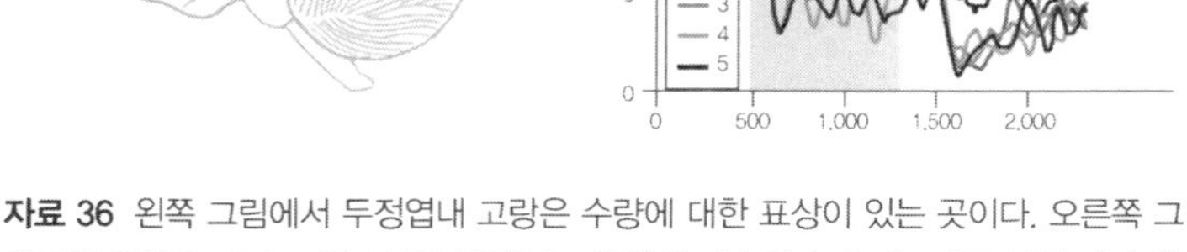

자료 36 왼쪽 그림에서 두정엽내 고랑은 수량에 대한 표상이 있는 곳이다. 오른쪽 그래프의 선들은 마카크 원숭이가 바라보는 물체의 개수가 1, 2, 3…개로 바뀔 때 (1을 선호하는) 뉴런의 활성도를 나타낸다.

벤 하비와 그의 유트레흐트 대학 동료들이 이 주제와 관련해서 주목할 만한 논문을 발표했어요.[54] 그들은 피실험자들을 MRI 기계 속에 넣고 1개에서 20개까지 점의 집합들을 화면으로 보여줬어요(자료 37). 여러분이 보시다시피 점의 집합들은 모습이 모두 제각각입니다. 크기도 하고 작기도 하고, 흩어져 있기도 하고 모여 있기도 하고, 동일한 형태이기도 하고 다른 형태이기도 해요. 모습을 이렇게 다양하게 만든 목적은, 그림에서 수와 혼동될만한 것과 관련된 활성화는 배제하고, 오로지 물체 개수와 관련된 활성화만을 확실하게 측정하기 위해서입니다.

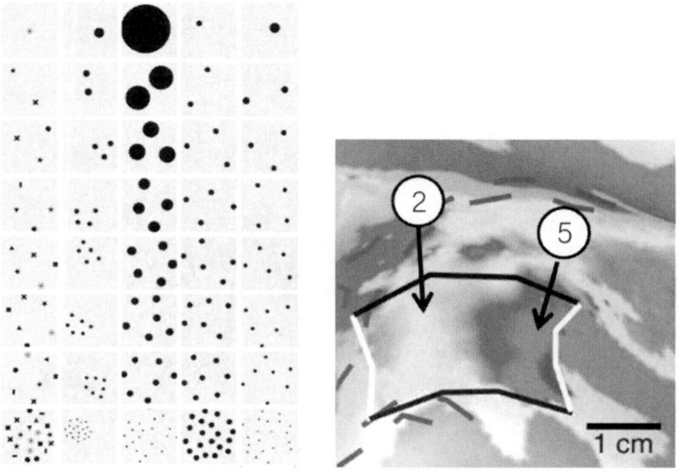

자료 37 왼쪽 그림은 이 실험에서 사용된 수 자극의 예. 오른쪽은 두정엽내 고랑을 확대한 그림으로, 물체를 2개 혹은 5개 볼 때 활성화되는 피질상의 띠를 보여준다.

그 연구자들은 두정엽이 활성화되는 것을 발견했을 것 같은데… 그것은 이미 알려진 사실이라고 앞에서 말씀하셨죠. 그렇다면 새로 발견해 낸 것은 뭔가요?

그들은 두정엽 안에서 어떤 영역이 어떤 수를 선호하는지 정확히 찾아내기 위해서 고성능 MRI 기계와 복잡한 분석 방법을 사용했습니다. 그들은 발견한 것은 (바로 이 부분이 혁신적인 대목인데) 수에 대한 선호가 일정한 지도에 따라서 구조화돼 있다는 점이었어요(자료 37). 여러분이 보고 있는 그림은 한 피실험자의 지도를 확대한 것입니다. 뇌의 중앙에서부터 측면으로 가면서 띠 모양들이 보이는데, 측면으로 갈수록 선호하는 수가 점점 커집니다(2는 밝은 회색, 5는 어두운 회색). 이 띠 모양 구조는 모든 피실험자에게서 동일하게 발견돼요. 즉, 뇌의 중앙에서부터 측면으로 가면서 선호하는 수가 커지는 것을 볼 수 있습니다.

제가 보기에는 논리적으로 문제가 있는 것 같아요. 만약 1에 대한 영역이 따로 있고 2에 대한 영역도 따로 있다는 식으로 100까지 이어진다면 무한까지도 갈 수 있잖아요. 우리 뇌에 그 많은 수를 다 담을 수는 없어요.

정확히 보셨어요. 하지만 다행히 모든 수의 자리가 똑같이 할당되지는 않아요. 수가 클수록 그것들이 차지하는 공간은 작고, 이웃 수들과 공간을 더 많이 공유합니다. 약간 과장하자면, 2는 넓은 영역을 차지하고 있고 오직 2만 이 영역을 활성화시킵니다. 2의 이웃인 1과 3은 2의 구역을 활성화시키지 못해요. 그와 반대로 10은 확실히 더 작은 영역을 차지하며, 이 영역은 10의 이웃인 9나 11에 의해서도 거의 비슷하게 활성화됩니다. 큰 수에 대한 이런 '압축' 덕분에 우리는 크든 작든 모든 수량을 머릿속에서 떠올릴 수 있어요. 하지만 그 대가로 큰 수에 대한 정확성은 떨어지죠.

구체적으로 정확성이 어떤 식으로 떨어지나요?

제가 여러분에게 흰 점 10개와 검은 점 11개를 아주 잠깐만 보여준다고 상상해 보세요. 순식간에 그림이 지나가서 여러분은 점을 하나하나 셀 시간이 없어요. 여러분은 흰 점이 더 많은지, 검은 점이 더 많은지 거의 알 수 없을 거예요. 그와 반대로 제가 흰 점 2개와 검은 점 3개를 보여준다면 여러분은 즉시 수의 차이를 알아채겠죠. 10과 11이나 2와 3이나 차이는 동일한데도 말이에요. 달리 말해서, 수가 클수록 수를 추산하는 우리의 능력은 덜 정확합니다.

뇌 안에 작은 수에서 큰 수 순서로 배열된 그 지도처럼 잘 구조화된 다른 지도들은 또 없나요?

우리 뇌 안에는 놀라울 정도로 구조가 잘 갖춰진 지도들이 많이 있습니다. 가장 유명한 것은 호문쿨루스라고 하는 유명한 신체 지도예요. 신체 각 부위의 촉각과 움직임을 담당하는 대뇌 피질 구역은 이 지도에 따라 구조화돼 있습니다(앞의 자료 31을 볼 것). 그 밖에 다른 지도들도 많이 있어요. 시각의 경우에는, 대뇌 피질 표면에 우리 주변의 세상을 마치 작은 화면처럼 투사해 놓은 것 같은 지도들이 있습니다. 소리 지각의 경우에는, 낮은 소리에서 높은 소리의 순서로 구조화된 지도들이 있어요. 그 밖에도 더 있지만 이 정도로 하겠습니다. 또 흥미로운 사실은, 최대한 정확해야 하는 것들이 대뇌 피질의 표면을 더 많이 할당받는다는 점입니다. 신체 지도를 보자면, 손은 아주 민감하며 매우 섬세하게 움직일 수 있기 때문에 지도에서 넓은 자리를 차지해요. 시각 지도에서는 우리가 사물 · 얼굴 · 문자를 알아보는 데 사용하는 작은 중심시가 주변시보다 피질상에서 훨씬 넓은 면적을 차지합니다. 수 지도에서는 작은 수가 더 넓은 자리를 차지하는데, 작은 수를 정확히 구별하는 것이 중요하기 때문이에요. 작은 수를 정확히 구별한다는 것은 수학적 능력을 더 많이 갖는다는 뜻이죠.[55]

21장

어림장이 N씨

수 능력의 두 체계

뇌 단층 사진이 출현하기 전에는 수량을 다루는 능력인 '수 감각'을 연구하고 그것의 위치를 찾아내기 위해서 뇌 손상 환자들을 연구했다고 앞에서 말씀하셨어요. 그 환자들에 대한 이야기를 자세히 들어볼 수 있을까요?

실제 있었던 이야기를 하나 해 드릴게요. N씨는 40살의 보험 중개인이었습니다.[56] 그런데 자동차 사고를 당했어요. 차 앞 유리창에 머리를 부딪쳐서 좌뇌가 회복이 불가능할 정도로 손상을 입었죠(자료 38). 그래서 심각한 후유증으로 신체 오른쪽이 마비되고 오른쪽 시각을 잃었어요. 오른손잡이들이 대부분 그렇듯이 그의 좌뇌는 언어 체계의 중추여서 뇌 손상은 언어를 사용하는 데 장애를 초래했어요. 다시 말해서 실어증이 생긴 것이죠. 제가 N씨를 만난 것은 사고가 난 지 3년이 지난 뒤였어요. 그의 상태는 사고 이후에 부분적으로 호전됐고, 그 사람이 병원을 찾은 것은 건강 검진을 받기 위해서였죠.

N씨를 만났을 때 특별히 주목하신 게 있었나요?

지금으로부터 20년쯤 전이었던 그때, 저와 제 동료 스타니슬라스 데해네는 암산의 메커니즘에 관심이 있었어요. 우리가 보기에, 수는 언어 체제에 접근할 수 있는 단순화된 경로 같았죠. 실제로 수에는 어휘(1,2,3,7…) · 의미 작용(10킬로그램은 9킬로그램보다 약간 더 크다) · 결합 규칙([10+2]×3=36)이 있는데, 언어의 어휘 · 의미 작용 · 문법 규칙보다 훨씬 단순한 형태예요. 그런데 N씨의 검진 결과를 보니 실어증의 심각성에 비해서는 예상보다 수를 잘 다뤘어요. 예를 들어서, 받아쓰기에서는 낱말을 전혀 쓰지 못했는데 수는 아라비아 숫자로 거의 엇비슷하게 쓸 수 있었습니다. 1,845를 쓰라고 하면 1,865를 쓰는 식이

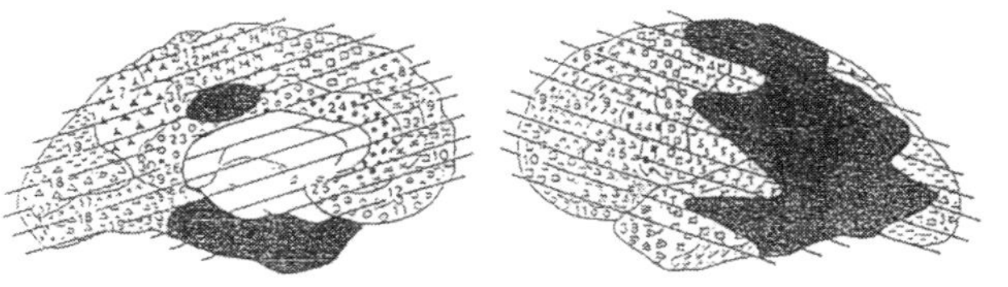

자료 38 광범위하게 손상된 N씨의 좌뇌.

었죠. 그래서 우리는 N씨의 수 능력에서 작동되는 것과 작동되지 않는 것을 최대한 분석해 봤어요.

작동되는 것과 작동되지 않은 것을 간단히 요약해 주실 수 있을까요?

대강 말씀드리자면, N씨는 수를 정확하게 다루지는 못했지만 어림잡을 수는 있었어요. 예를 몇 가지 들어볼게요. 세상에 대한 이해도를 알아보기 위한 질문에서 N씨는 꽤 자주 틀렸지만 정답에서 많이 빗나가지는 않았어요. N씨에 따르면, 한 달은 15일이나 20일이고, 한 시간의 4분의 1은 10분이나 20분이며, 한 시간은 50분이고, 일 년은 350일, 달걀 한 줄은 6개나 10개, 한 손의 손가락은 4개였어요! 하지만 한 손에 손가락이 45개라고는 절대 말하지 않았을 거예요. 그의 대답은 틀리기는 했지만 언제나 근사치였어요.

따라서 그 사람은 수량에 대한 근사치적 개념은 있었던 거네요. N씨는 그것을 이용해서 덧셈, 뺄셈, 곱셈을 암산으로 할 수 있었나요?

기본적인 덧셈만 겨우 했는데 그 방식이 아주 독특했습니다. 우리는 N씨에게 간단한 덧셈을 답과 함께 보여줬어요. 맞는 것(2+2=4), 아주 틀린 것(2+2=9), '약간'만 틀린 것(2+2=5)으로 이루어져 있었죠. 환자는 계산이 맞는지 틀린지만 결정했어요. 그 상황에서 N씨는 다시 근사치를 이용했습니다. 아주 틀린 계산은 곧바로 알아봤어요. 하지만 맞는 계산과 약간만 틀린 계산은 둘 다 맞다고 했죠.

따라서 N씨는 정확하게 수를 다루는 능력을 상실하고 근사치로만 수를 다룰 수 있었던 거네요. 객관적으로 봤을 때, 서로 다른 두 가지 암산 체계, 즉 정확한 체계와 부정확한 체계가 뒤엉키는 것에 흥미로운 점이 있나요?

앞 장에서 봤던 것처럼 수 조작은 대단히 중요한 능력이고, 인간 외의 다른 동물들도 이 능력을 갖고 있습니다. 갓 태어난 아기들도 이 능력을 갖고 있죠.[57] 생후 이틀 된 아기들에게 소리를 4번 연속해서 들려주고 이어서 점 4개와 점 12개가 있는 화면을 보여주면 아기들은 점 12개가 있는 화면보다 점 4개가 있는 화면을 더 많이 쳐다봅니다. 이것은 수 개념이 이미 존재한다는 사실을 보여주죠. 소리 4개와 점 4개의 유일한 공통점은 4라는 수니까요.

동물과 아기의 이런 수 능력은 정확한 체계에 해당하나요, 아니면 N씨에게 여전히 작동하고 있었던 부정확한 체계에 해당하나요?

아기와 동물들은 둘 다 근사치적 체계를 갖고 있습니다. 앞에서 말씀드렸던 대로 신생아는 4개의 물체와 12개의 물체 간의 차이, 즉 두 수 간의 3배 차이를 구별해요. 하지만 4와 7은 구별하지 못합니다. 시간이 흐르면서 수에 대한 인식은 정교해져요. 6개월이 지나면 아기들은 2배 차이가 나는 수를 구별할 수 있게 되고, 계속 이런 식으로 진전됩니다.

성인이 되면 근사치적 체계를 잃어버리나요?

전혀 그렇지 않아요. 그것은 우리가 조약돌이나 과자 더미 2개를 빨리 비교해야 할 때 알 수 있어요. 차이가 확실하면 큰 더미가 눈에 금방 들어와요. 하지만 차이가 미미하면 알쏭달쏭하죠. 이게 바로 근사치적 체계입니다.

하지만 우리 중에는 98,672×387 같은 복잡한 계산을 완벽하게 해내는 성인들도 있어요. 그 능력은 어디서 오는 건가요?

일단 수 세는 법, 다시 말해서 수의 이름(오십이)이 가리키는 수량과 아라비아 숫자(52)를 연관시키는 법을 배우면 아이들은 근사치적 체계에 내재된 모호함으로부터 완벽하게 빠져나올 수 있습니다. 그때부터 그들은 5,677과 5,678 같은 근접한 수 2개를 확실하게 구분할 수 있어요. 정확하게 수를 다룰 수 있는 능력, 즉 정확하게 계산할 수 있는 능력은 언어와 밀접하게 연결돼 있습니다. '오십이'는 낱말이며 그 이상도 그 이하도 아니에요.

제가 기억하는 게 맞다면, N씨는 언어에 문제가 있었는데요.

네, 맞아요. 그 사람은 실어증이었고 낱말을 사용하는 데 어려움이 있었어요. 수를 정확하게 분류하려면 낱말이 필요해요. 그 때문에 N씨는 아기나 동물들이 사용하는 근사치적 체계로 수량을 다뤘던 것이죠.

반대 상황의 환자, 다시 말해서 정확한 체계는 기능하는데 근사치적 체계에 결함이 있는 환자도 있나요?

기억 나는 환자가 한 명 있습니다. 그로부터 몇 년 뒤에 만난 환자인데, N씨와는 정반대 증상을 갖고 있었어요. 그 환자는 낱말과 숫자의 결합 규칙을 적용해서 정확하게 계산을 할 수 있었어요. 구구단을 틀리지 않고 다 외울 수 있었죠. 하지만 수량에 대한 추상적 평가는 비정상적이었어요. 우리가 4와 8의 '가운데' 수가 뭐냐고 물으면 (답은 당연히 6인데…) 3이라고 대답했죠.

끝으로, 뇌에서 수 조작이 일어나는 자리는 어디인가요?

간단히 말하자면, 낱말과 아라비아 숫자로 수를 다루는 일은 언어의 분야에 속하고, 대체로 동일한 좌뇌 영역들이 일반 낱말들과 수 부호들을 다루는 데 사용됩니다. 반면에 추상적 수량을 다루는 것과 관련해서는 한 영역이 특히 중요해요. 이 영역은 두정엽, 더 자세히 말하자면, 두정엽내 고랑이라고 불리는 대뇌 피질의 깊은 주름 속에 자리 잡고 있습니다. 이 영역에 대해서는 앞 장에서 자세히 다뤘어요. 결론적으로, 수학은 수량에 대한 지각 · 언어, 그리고 더 나아가 추론 능력 · 기억력 · 주의력 · 상상력을 결합하는 진정한 인지적 공작(工作)이라고 말할 수 있겠습니다. 아마도 이 혼합적 특성 때문에 우리의 수학적 능력이 사람마다 다르지 않나 싶어요.

22장

수학 잘하세요?

초등학생뿐 아니라 성인도 저마다 학습 능력이 다릅니다. 이러한 불균형의 원인은 아주 다양할 텐데 유전과 교육 방식이 특히 중요할 것 같아요.

지금부터 암산 학습을 분석해서 학습 불균형을 부분적으로 설명한 연구 하나를 소개할까 합니다.[58] 연구자들은 프랑스에서 만 8살에서 9살 사이의 아이들을 조사했는데, 수학 학습에 있어서 중요한 시기인 초등학교 4학년(CM1) 학생들이었어요. 이 아이들은 두 달 동안 수학 특별 수업을 받았습니다. 여러 방법으로 암산을 훈련하는 수업이었죠. 향상된 정도를 측정하기 위해서 아이들은 두 달간의 훈련 전후에 수학 시험을 보고 IQ 테스트를 받았어요. 그리고 훈련이 시작되기 전에 해부학적 · 기능적 뇌 MRI도 찍었습니다.

훈련이 효과가 있었나요?

그럼요. 아이들의 수학 능력은 더 좋아졌어요. 실수를 덜 하고 계산은 더 빨라졌죠. 게다가 이전보다 기억을 더 많이 이용하는 경향을 보였어요. 만약 제가 여러분에게 8×8이 얼마냐고 물으면 여러분은 8+8+8+8+8+8+8+8을 하는 대신 여러분이 외운 8×8의 답을 말할 겁니다. 답을 알고 있으면 계산을 더 빨리 그리고 덜 틀리게 할 수 있죠.

하지만 모든 아이들이 똑같이 향상되지는 않았을 것 같은데요?

맞습니다. 어떤 아이들은 상당히 향상됐고 또 어떤 아이들은 그다지 많이 향상되지 못했어요. 이 연구의 궁극적 목적은 아이들 사이에 나타나는 이런 차이의 원인을 규명하는 것이었습니다. 그리고 단기적 목표는 훈련을 시작하기 전에 어떤 아이가 어느 정도 향상될 것인가를 예측하는 것이 가능한지를 알아보는 것이었죠.

두 달간의 훈련을 받기 전에 아이들이 IQ 테스트와 수학 시험을 치렀다고 말씀하셨는데요. 그 결과들을 근거로 가장 많이 향상될 아이들을 예측할 수 있었을 것 같네요. 아마도 기억력이 가장 좋거나 IQ가 가장 높은 아이들이었겠죠?

연구자들도 당연히 그 부분을 제일 먼저 살펴봤어요. 그런데 신기하게도 그 예측이 전혀 들어맞지 않았어요. 훈련을 시작하기 전에 했던 두 검사 모두 어떤 아이가 어느 정도 향상될 것인지를 예시해주지 못했어요. 오히려 뇌 MRI의 몇 가지 특징들이 그것을 알려 줬습니다. 앞에서 말씀드렸던 것처럼 아이들은 해부학적 MRI를 찍었는데, 이 MRI를 이용하면 뇌 곳곳의 대뇌 피질 두께나 회백질 혹은 백질의 양 등을 정확하게 측정할 수 있어요. 그런데 계산력이 가장 많이 향상될 아이들을 예시해준 것은 기억에서 특별히 중요한 영역인 해마의 해부학적 구조였어요(뒤의 자료 49를 볼 것). 학습 전에 찍은 MRI 상에서 해마에 회백질이 더 많았던 아이들이 더 많이 향상했던 것이죠(자료 39). 이것은 오른쪽 해마에만 해당되는 상황이었는데 왜 그런지는 불분명했어요. 어쨌든 결과는 그랬습니다.

해마가 효율적일수록 구구단 같은 것들을 더 잘 외울 수 있다는 얘기네요. 하지만 해마 혼자서 수학을 잘하게 만들어줄 것 같지는 않은데요?

그렇죠. 이 연구는 해부학적 MRI가 아닌 기능적 MRI에 근거해서 흥미로운 결과를 한 가지 더 보여줘요. 계산력 향상을 예측할 수 있게 해준 또 하나의 척도가 있었는데, 그것은 해마가 다른 뇌 영역들 특히 전전두엽의 영역들과 정보 교환을 하는 능력이었어요. 전전두엽 영역들은 모든 종류의 개념 조작에 매우 중요합니다(자료 39).

따라서 학습 능력은 뇌의 해부학적 구조와 기능적 회로의 몇 가지 특징에 달려 있군요. 상당히 운명론적 전망이네요? '뇌가 그렇게 생겼으니 어쩔 수 없지. 수학을 어려워하는 아이들을 도울 수 있는 길은 없어.'라고 말할 수밖에 없겠는걸요.

절대 그렇지 않습니다! 개인들 간의 불균형은 어쨌든 존재하고, 그 연구 결과 덕분에 그것을 조금 더 이해할 수 있게 됐죠. 그러나 교육만 적절히 받는다면 다른 아이보다 구구단을 조금 늦게 깨친다고 해도 결국에는 따라갈 수 있습니다. '뇌 내부'는 고정돼 있지 않고 불변하는 것도 아니기 때문이에요. 뇌는 유연한 기관이어서 학습으로 바뀔 수 있습니다.

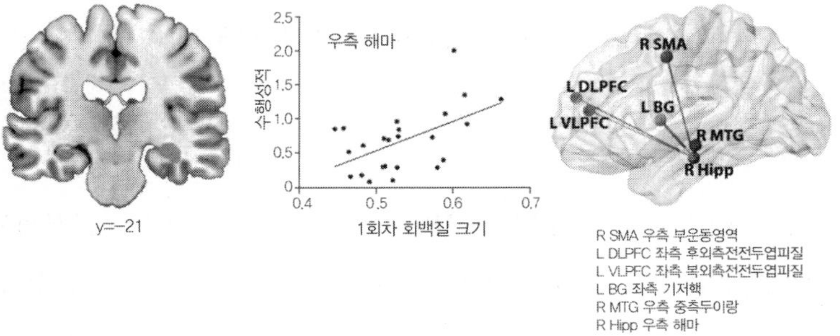

자료 39 계산력의 향상은 우측 해마(R Hipp)의 두 가지 특징에 근거해서 예측할 수 있다. 하나는 회백질의 크기이고, 다른 하나는 서로 떨어져 있는 뇌 영역들 간의 연결성이다. © Supekar et al., 2013.

23장

수학 공포증

따라서 타고난 뇌 구조와 학습 방법이 둘 다 수학 학습에 영향을 주네요. 하지만 '심리적'이라고 부를 수 있는 요소들도 분명히 중요한 역할을 할 것 같습니다. 비행기 타는 것을 무서워하는 사람이 있고 거미 공포증이 있는 사람이 있는 것처럼 수학을 무서워하는 사람도 있어요. 독자들 중에도 틀림없이 '나야 나. 수학이라면 지긋지긋해!'라고 생각하는 분들이 계실 거예요. 거두절미하고, 수학 공포증이란 것이 진짜 있는 것인지 그리고 여기에 대해서 연구된 게 있는지 알고 싶습니다.

그럼요.[59] 수학 공포증은 정말로 있어요. 수학 시간이 되거나 수학 책을 펼치면 안절부절 못하는 건 둘째 치고 다음 날 있을 수학 수업 때문에 잠까지 설치는 아이들이 있어요.

그 아이들은 단지 수학을 못해서 계산할 때 자신감이 떨어지는 게 아닐까요? 그것을 공포증이라고까지 부를 수 있는지 모르겠네요.

사실 수학 공포증이 있는 사람들이 수학 공포증이 없는 사람들보다 수학을 못하는 것은 맞지만 다른 지적 영역들은 그들 못지않게 좋습니다. 그런데 방금 말씀하신 것과는 반대로, 수학 수행 능력과 불안의 관계는 쌍방 통행입니다. 수학을 못한다는 사실은 당연히 불안을 증폭시킬 가능성이 높지만, 한편으로는 불안이 수학을 잘하지 못하게 방해하기도 합니다. 그리고 여기에는 여러 가지 원인이 있어요. 만약 제가 여러분에게 5×5를 물으면 여러분은 쉽게 대답할 수 있을 거예요. 하지만 더 복잡한 계산, 이를테면 37+45를 암산으로 해보라고 하면 금방 대답을 못할 겁니다. 1의 자릿수를 더해서 그 값을 기억하고 받아올림도 생각하는 등 여러 과정을 거쳐야 하기 때문이죠. 한마디로 여러분은 '작업 기억'이라는 것을 사용합니다. 이것은 의식적으로 그리고 정신적 노력을 들여서 정보를 저장하고 다루는 능력입니다. 그런데 불안은 작업 기억 능력을 감소시키는 것으로 알려져 있어요. 불안을 자주 느끼는 사람이라면 알 텐데, 특별히 수학이 아니더라도 우리가 스트레스를 받으면 '평정심을 잃어서' 효율적으로 생각을 하지 못하죠.

작업 기억의 장애 외에도 수학 공포증이 있는 사람들을 방해하는 다른 이유들은 없나요?

아주 사소한 것들이에요. 불안해서 수학 수업을 빠지고 숙제를 하지 않으면 당연히 실력이 늘 수가 없을 겁니다. 악순환이죠.

수학 공포증이 있는 아이들의 뇌에서는 어떤 일이 일어나나요?

최근의 한 연구에서 만 7살에서 9살 사이의 수학 공포증이 있는 아이들과 없는 아이들을 MRI 기계 속에 넣고 쉬운 검산을 시켜봤어요(예를 들자면, '5+3=9는 맞나, 틀리나?').[60] 공포증이 있는 아이들은 공포증이 없는 아이들보다 편도가 더 많이 활성화되는 것으로 나타났어요. 편도는 두려움이나 불안 같은 부정적 감정에 개입하는 영역입니다. 또 공포증이 있는 아이들은 암산과 관련된 영역들이 덜 활성화되는데, 그 아이들이 검산에서 실수를 더 많이 한 이유도 아마 이 때문으로 보입니다(자료 40). 아주 인상적인 결과를 보여준 또 하나의 연구가 있는데, 이 연구는 수학에 불안을 느끼는 대학생들을 대상으로

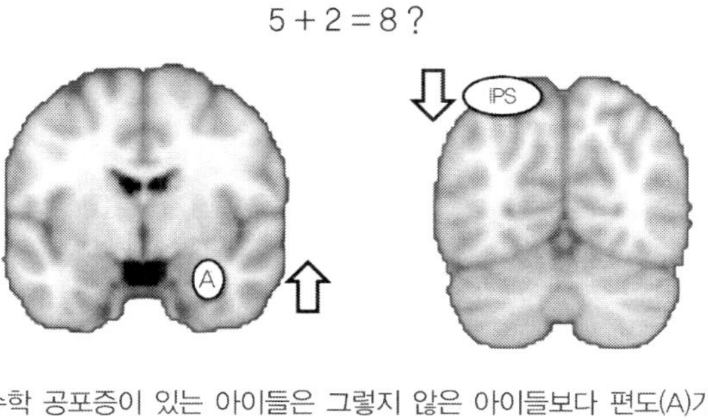

자료 40 수학 공포증이 있는 아이들은 그렇지 않은 아이들보다 편도(A)가 더 많이 활성화되고 계산에 관여하는 두정엽 영역들(IPS)은 덜 활성화된다.

진행된 것이었어요.[61] 간단히 설명하자면, 연구자들은 피실험자들을 MRI 기계 속에 넣고 '조금 뒤에 수학 문제를 풀기로 돼 있습니다.'라고 몇 번 예고했어요. 실제로 학생들은 몇 분 뒤에 문제를 풀었죠. 연구자들은 피실험자가 무시무시한 수학 문제를 기다리면서 보낸 끔찍한 그 몇 분 동안 어떤 일이 일어나는지를 살펴봤어요. 피실험자들은 제각기 다른 반응을 나타냈습니다. 일부 학생들의 경우에는 사고와 감정의 수의적 조절을 담당하는 전두정엽 영역이 활성화되는 게 보였습니다. 이 피실험자들은 불안을 느끼기는 했지만 아마도 마음을 진정시킬 수 있었을 거예요. 그들은 계산 문제를 잘 풀었죠. 그와 반대로 이 조절 영역들이 덜 활성화된 피실험자들은 마치 불안 때문에 마비라도 된 것처럼 계산상의 실수를 더 많이 했어요.

수학 공포증의 원인은 뭔가요? 그리고 수학 공포증이 있는 아이들도 있고 없는 아이들도 있는데, 왜 그런가요?

교사와 부모의 영향이 가장 큽니다. 부모나 교사가 수학에 불안을 느끼면 아이들에게 자신의 두려움을 전달하게 될 가능성이 높아요. 수학은 남자의 과목이고 여자는 선천적으로 수학에 무능하다는 고정관념 때문에 이런 '사회적' 전달은 여학생들에게 더 위험한 것 같습니다. 어린 여학생에게 이런 생각을 심어주면 수학 공포증에 걸릴 확률이 올라갈 수밖에 없죠. 이 영향 외에도 다른 요소가 더 있을 겁니다. 이런저런 이유로 아이가 계산의 기본을 배우지 못한다면 (물건을 세고, 수를 비교하는 등등) 초기의 이런 어려움으로 인해서 그 아이는 뒤처지게 되고 수학 공포증에 노출될 위험이 커질 겁니다.

수학 공포증을 피하거나 완화시킬 수 있는 방법이 있을까요?

지금까지 얘기한 것들에 대한 논리적 결과로서, 한편으로는 수학 학습에서 생기는 문제들을 초기에 찾아내야 합니다. 아이가 수량에 대한 기본 개념과 셈을 잘 배우지 못하면 수학 공포증을 키우게 될 위험이 커지죠. 다른 한편으로는, 부모와 교사가 아이들에게 (특히 여자 아이들에게) 수학에 대한 자신의 반감을 전달하지 않아야겠죠.

수학 공포증이 이미 생겼다면 어떻게 할까요?

아이들에게 수학 공부를 강요해서 불안을 키우기보다는, 불안이 수학 수행 능력을 떨어뜨리고 떨어진 수학 수행 능력이 불안을 악화시키는 악순환의 고리를 깨뜨리는 것이 중요합니다. 수학 공포증이 있는 학생들에게 수학 시험 전에 10분 동안 시간을 주고 자신의 두려움을 글로 정리하게 하면 시험 결과가 확연히 좋아진다는 연구 결과도 있어요.[62]

5부

잘 배우고,
잘 기억하려면

수학은 장기간에 걸쳐서 힘들고 확실하게 학습해야 비로소 자리를 잡을 수 있는 전형적인 대뇌 능력입니다. 그런데 수학을 포함해서 모든 학습에는 따라야 할 몇 가지 일반적인 법칙이 있어요. 뭘 배우든, 공부하는 시간을 잘 배분하고, 숙면을 취하며, 정기적으로 실력을 점검하고, 즐겁게 배울 것 등등. 5부에서는 이 규칙들 가운데 몇 가지와 그 배후의 작동 원리들을 자세히 살펴보려고 합니다.

24장

효과적인 공부법

우리는 외국어를 배우고, 시험이나 콩쿠르 준비를 하고, 학교에 다니고, 구구단을 외웁니다. 한마디로, 우리는 새로운 정보들을 엄청나게 많이 외워야 해요. 복습을 잘할 수 있는 최선의 방법이 있을까요? 한 번에 장시간 하는 게 좋을지, 아니면 시간 간격을 두고 여러 번 나눠서 복습하는 게 좋을지 궁금합니다.

심리학자들은 장시간 한 번 복습하는 것보다 시간 간격을 두고 자주 복습하는 것이 좋다고 한 치의 망설임도 없이 말합니다. 이것은 지금으로부터 한 세기도 더 이전에 밝혀진 사실이에요. 1885년에 헤르만 에빙하우스가 최초로 이 현상을 과학적으로 설명했습니다(자료 41). 에빙하우스는 실험 심리학의 창시자 가운데 한 명이에요. 그는 자기를 실험용 쥐로 삼아 기억력에 대해서 많은 연구를 했어요. 본인이 직접 수십 개의 음절들을 외운 뒤에 그것들을 잊어버리는 데 걸리는 시간과 그 밖의 다른 변수들을 측정했습니다. 에빙하우스가 발견한 중요한 것들 가운데 하나가 바로 시차 두기 효과예요. 예를 들어서, 음절 12개를 외울 때 3일에 걸쳐서 38번 암기하는 것이 하루에 68번 집중적으로 암기하는 것만큼 효과적이라는 사실을 자신의 경험을 통해서 확인했습니다.

한마디로, 시차를 두고 나눠서 복습하라는 얘기군요. 그런데 에빙하우스는 낱말을 외울 때 단 며칠, 다시 말해서 단기간의 결과만 평가했어요. 시차 두기 법칙은 장기간의 학습에도 똑같은 효과가 있나

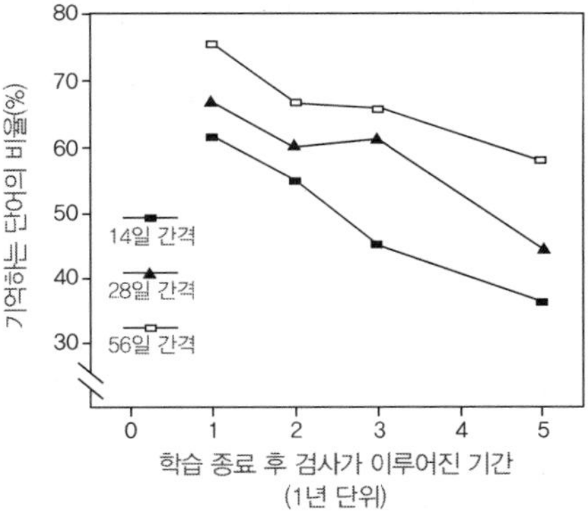

자료 41 왼쪽 사진은 기억력 연구의 선구자인 헤르만 에빙하우스. 오른쪽 그래프는 바릭 가족의 연구 결과이다. 그들은 수년에 걸쳐서 어휘를 학습해본 결과, 학습과 학습 간의 간격이 길수록 어휘를 더 많이 그리고 더 오래 기억한다는 사실을 밝혀냈다. © Bahrick et al., 1993.

요? 이를테면, 여섯 달 뒤에 있을 콩쿠르를 준비한다든지, 외국어를 배워서 평생 기억하고자 한다든지 하는 경우에도 말이죠.

그때도 마찬가지예요. 시차를 두고 복습해야 합니다. 1993년에 미국인 심리학자 네 명이 이 주제로 논문을 발표한 게 있는데 저자들은 바릭, 바릭, 바릭 그리고 바릭이었어요.[63]

농담이시죠?

아뇨. 사실은 부부와 두 딸이고, 모두 심리학자들이었죠. 그들은 논문의 저자이기도 했지만 동시에 실험 대상이기도 했습니다. 그것은 9년에 걸친 학습 실험을 수행하기 위해서 생각해 낸 방법이었어요. 간단히 설명하자면, 가족이 스페인어 어휘를 외우면서 복습의 시간 간격과 횟수를 다양하게 시험했어요. 그리고 학습이 종료된 뒤 1년에서 5년 사이에 자신들이 기억하고 있는 것들을 확인해봤어요. 장기간의 학습에 시차 두기가 미치는 효과를 잘 보여준 연구라고 할 수 있겠습니다(앞의 자료 41을 볼 것).

바릭 가족이 알아낸 것은 뭔가요?

그들은 복습을 1달 간격으로 하는 것보다 2달 간격으로 할 때 스페인어 어휘를 더 많이 기억한다는 사실을 밝혀냈어요. 복습을 2주 간격으로 했을 때는 기억하는 것들이 훨씬 더 적었죠. 그리고 2달 간격으로 13번 반복하는 것이 1달 간격으로 26번 복습하는 것과 대체로 동일한 효과가 있다는 사실도 발견했는데 이것은 에빙하우스의 연구 결과와도 약간 비슷합니다.

잘 알겠습니다. 그런데 시차를 두고 복습하는 것은 낱말 암기 같은 단순 기억에만 효과가 있는 건가요, 아니면 더 정교한 전문 지식을 습득하는 데에도 효과가 있는 건가요?

이 법칙은 똑같이 적용됩니다. 예는 많은데 그중에서 두 가지만 들자면, 수학 능력과 수술 능력을 키우는 데도 시차 두기가 도움이 돼요. 외과 수련의 경우에 매주 1번씩 4주 동안 미세 수술을 하는 것이 하루에 4번 미세 수술을 하는 것보다 더 효과적입니다.[64]

지금까지 든 사례는 모두 성인을 대상으로 한 것들이었어요. 아이들의 학습을 개선시킬 수 있는 방법에 관해서도 알고 싶습니다.

시차 두기 법칙은 어린아이들에게도 효과가 있어요. 예를 들어서, 읽기를 막 배우기 시작하는 초등학교 1학년 아이들의 경우에 매일 6분 동안 1번 읽는 것보다 매일 2분 동안 3번 읽는 것이 더 효과적이라는 것이 입증됐습니다.

복습은 반드시 시차를 두고 해야겠군요. 그렇다면 이상적인 시차가 있나요?

몇 년 전에 이 질문에 대답하기 위해서 연구자들이 1,300명 이상을 대상으로 대규모 연구를 진행했어요. 그들은 참여자들에게 일반적으로 잘 알려지지 않은 사실들을 가르쳐 줬습니다.[65] 이를테면, 멕시코 음식을 가장 많이 소비하는 유럽 국가는 어디일까요? 답은 노르웨이예요. 참여자들에게는 1번의 학습과 1번의 복습 기회만 주어졌습니다. 연구자들은 이 두 기회 사이에 20분에서 3달 이상까지 다양하게 시차를 뒀어요. 그리고 피실험자가 시험을 치르는 시점도 복습이 끝난 뒤 1주에서 1년 사이로 다양하게 변화를 줬죠.

이상적인 시차를 찾기 위해서 가능성을 폭넓게 탐색했네요. 제 생각에는 시차 두기의 일반적인 법칙이 여느 때처럼 적용됐을 것 같습니다만.

맞아요. 이상적인 시차 두기를 적용한 피실험자들은 학습과 복습을 바로 연이어서 했던 피실험자들보다 대략 65%나 더 많이 정답을 맞혔으니까요.

그렇다면 이상적인 복습의 시차는 어느 정도인가요?

상황에 따라 달라요. 간단히 보자면, 이상적 시차는 여러분이 시험을 보는 시점까지 남은 기간의 5~10%인 것 같습니다. 만약 1년 뒤에 시험을 본다면 대략 1달의 시차를 두는 것이 이상적입니다. 만약 10일 뒤에 시험을 본다면 매일 1번 복습하는 것이 좋아요. 이것은 시간의 규모 문제예요. 따라서 '1주일 안에 터키어 또는 서핑 배우기' 식의 집중 학습과 관련해서 재미있는 결론이 나오는데, 당장에는 그 방법이 좋은 결과를 낼 수 있을지 모르지만 장기적으로는 학습이 유지되지 못할 우려가 크다는 것입니다. 물론 정기적으로 여러분의 지식을 점검하는 경우는 예외겠죠.

시차 두기의 이런 긍정적 효과와 관련해서 실제로 중요한 것이 학습과 학습 사이의 시간인지, 아니면 그 사이에 우리가 무엇을 하느냐의 문제인지도 따져 봐야 할 것 같습니다. 만약 우리가 영어 시험을 보기 위해서 매주 1번 복습을 한다고 치면, 남는 시간을 이용해서 운동이나 비디오 게임이나 목공예 같은 것들을 할 겁니다. 하지만 매일 영어를 복습한다면 다른 것을 할 시간이 거의 없을 거예요. 따라서 시간이 중요한 것인지, 아니면 학습과 학습의 사이에 다른 일을 한다는 사실이 중요한 것인지 궁금합니다.

그 질문은 대답하기가 상당히 어려워요. 그 두 가지가 서로 맞물려 있기 때문이죠. 시간이 많을수록 우리는 학습과 학습의 사이에 다른 일을 할 테니까요. 교육 심리학자들도 당연히 그 (훌륭한) 질문을 제기했는데, 교대로 학습하는 것은 그 자체로 효과가 있다는 것이 일반적으로 얻어낸 답입니다. 만약 여러분이 혼동하기 쉬운 유사한 능력들을 습득해야 한다면 이 말은 특히 잘 들어맞아요. 예를 들어보죠. 연구자들이 학생들에게 3차원의 기하학적 도형 4개(달걀 형태, 잘린 원뿔 등등)의 부피를 계산하는 수학 공식들을 가르쳐 줬습니다.[66] 이 공식들은 모두 비슷비슷해요. 학생들 절반은 공식1을 배운 후 공식2를 배우는 식으로 차례차례 학습했습니다. 나머지 학생들 절반은 이 공식에서 저 공식으로 계속 바꿔 가며 학습을 했어요. 초반부에는 공식을 차례대로 배운 학생들이 더 잘했어요. 그럴 수밖에요. 그들은 공식을 차례대로 연습했고 이것들은 서로 비슷했지만 적합한 공식을 선택해야 하는 문제를 접할 일은 없었으니까요. 그런데 학습이 끝나고 일정 시간이 흐른 뒤에 치른 시험에서는 '뒤섞인' 학습을 했던 학생들이 훨씬 문제를 잘 풀었어요! 이 학습 방법은 그들에게 중요한 것을 가르쳐 줬죠. 이것은 모든 상황에 다 해당될 수 있는 핵심적인 내용이라고 할 수 있는데, 즉 문제를 풀기 위해서는 최선의 전략을 선택해야 한다는 것입니다. 이것은 비단 수학에만 해당되는 것은 아니에요. 예를 들어서, 여러 화가들의 화풍을 구별하는 법을 배울 때도 상황은 동일하다는 것이 입증됐습니다. 마티스의 작품을 공부하고 나서 브라크의 작품을 공부하고 그 다음에 미로의 작품을 공부하는 식보다는 작품과 화가를 섞어서 공부하는 편이 좋아요.

따라서 효과적인 교육이 되려면 복습에 시차를 두어야 하고, 한 분야

에서 다른 분야로 충분히 교대가 이루어지도록 해야겠군요. 그렇다면 복습 자체는 어떤 식으로 하면 좋을지 조언을 부탁드립니다.

하나만 강조하자면, 정기적으로 혼자 시험을 보면서 평가를 해보고 필요하다면 점수까지 매겨보는 게 필수적일 것 같습니다. 이것은 객관적으로 입증된 사실이에요. 한 연구에서 고등학생들에게 글을 한 편 읽게 했어요. 2분 뒤에 학생들 절반한테는 그 글을 다시 읽게 하고, 나머지 절반한테는 처음 읽었던 글에서 기억나는 내용을 모두 적게 했습니다.[67] 결과는 자명했어요. 1주 뒤에 치른 시험에서, 글에서 기억나는 내용을 적었던 학생들이 글을 2번 읽은 학생들보다 훨씬 많은 것들을 기억했어요. 학습한 내용을 확인해 보는 것은 모든 영역에서 효과가 있는 것으로 입증됐습니다. 공부하는 시간은 줄이고, 공부한 내용에 대해서 혼자 질문을 해보거나 다른 사람을 통해서 질문을 받는 시간을 늘리는 것이 더 낫다는 얘기죠.

지금까지 학습법을 짧게 살펴봤는데, 우리가 뭔가를 배우고 싶다면 (내지는 가르치고 싶다면) 복습은 시차를 두고 하고, 주제를 바꿔가면서 공부하며, 배운 내용을 정기적으로 확인해야 한다는 것으로 요약할 수 있겠네요. 그런데 학습을 효과적으로 하기 위해서는 아주 중요한 또 하나의 요소가 있습니다. 바로 수면이죠. 다음 장에서는 여기에 대해서 얘기를 나눠 보겠습니다.

25장

얘들아, 잘 자

잠의 정체

밤에 영어나 역사 강의를 머리맡에 크게 틀어놓고 자면 저절로 공부가 된다는 얘기가 한때 돌았었는데, 사실인가요?

안타깝지만 그 방법은 전혀 소용이 없어요. 그렇다고 해서 수면이 학습에 중요하지 않다는 뜻은 절대 아닙니다. 만약 여러분이 아무 관계가 없는 낱말들의 쌍(버섯-나무, 극장-모자 등등)을 외우고 8시간 뒤에 그것들에 대한 질문을 받는다면 (버섯의 짝은? 극장의 짝은?) 낱말 쌍을 외우고 나서 밤잠을 자지 않았을 때보다 밤잠을 잤을 때 기억나는 게 더 많을 거예요. 수면은 기억을 강화시켜 준다고 해요.

제가 알기로는 잠에도 여러 종류가 있어요. 그것들이 기억력 증진에

다 동일한 효과가 있나요?

수면은 크게 두 단계가 교대로 나타나면서 이어집니다. 하나는 역설 수면으로, 각성 상태와 매우 비슷해요. 이 수면 단계에서 우리는 대부분 꿈을 꾸는데, 눈이 눈꺼풀 밑에서 빠르게 움직이죠. 그래서 이것을 빠른 눈 운동(rapid eye movement)을 뜻하는 렘(REM)수면이라고 불러요. 또 하나는 다소간 깊은 수면인 서파 수면인데, 다소간 깊은 수면으로, 서파 수면 동안에는 체온과 혈압이 내려가고 뇌가 전반적으로 훨씬 덜 활성적입니다. 밤이 시작될 때는 대체로 서파 수면이 나타나고 밤이 끝나갈 무렵에는 역설 수면이 나타나요(자료 42).

수면의 두 단계에 '역설'과 '서파'라는 이름이 붙은 이유는 뭔가요?

앞에서 말씀드렸듯이 역설 수면 동안 뇌 상태는 우리가 깨어있을 때

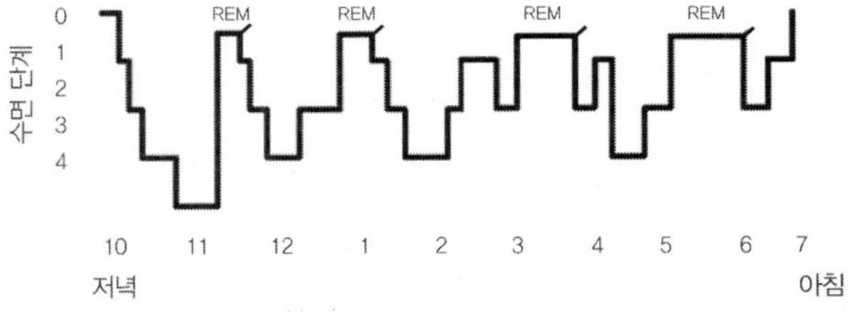

자료 42 저녁 10시에서 아침 7시까지 하룻밤 동안 역설 수면(REM)과 서파 수면(1단계에서 4단계까지)이 번갈아 나타나고 있는 것을 보여주는 사례.

와 거의 동일해요. 이것은 뇌전도(EEG)를 통해서 알 수 있습니다. 뇌전도를 보면 사람들이 잠을 잘 때와 각성 상태에 있을 때의 뇌 활성도가 비슷한데, 이것은 상당히 역설적이에요. 서파 수면도 뇌전도와 관계가 있는데, 뇌전도의 궤적이 뇌 전반에서 초당 1의 속도로 느리고 큰 파형을 그려요. 이것은 깨어있을 때의 진폭보다 훨씬 느린 것입니다.

앞에서 했던 질문으로 돌아가서, 자기 전에 외웠던 낱말들에 대한 기억은 어떤 수면 단계에서 강화되나요?

서파 수면이 특히 중요하죠.

이유가 뭔가요? 서파 수면에서는 왜 느린 파형들이 나타날까요? 그 파형들은 뭘 의미하는 거죠?

파형의 마루에 있을 때는 뇌 전반에서 뉴런들의 활동성이 증가하고 파형의 골로 내려갈 때는 활동성이 저하됩니다. 따라서 파형들은 서로 떨어져 있는 뇌 영역들 사이에서 일종의 전면적 동시화가 일어나고 있다는 것을 보여주는 표지예요(자료 43). 서로 떨어져 있는 뇌 영역들은 이 동시화 현상을 이용해서 정보를 교환하는 것으로 보입니다. 이와 같은 정보 교환은 특히 기억 강화에 아주 중요하죠. 우리가 뭔가를 새로 기억하게 되면 이 기억은 뇌 깊은 곳에 자리 잡은 해마에 잠시 저장됩니다(뒤의 자료 49를 볼 것). 기억이 강화되고 계속 유지되기 위해서는 해마에서 대뇌 피질로 기억이 옮겨가야 해요. 해마와 대뇌 피질 사이의 이런 정보 교환은 뇌의 동시화를 이용하는데, 그것이 느린 파형으로 나타나는 것이죠.

기억을 강화하기 위해서는 반드시 잠을 자야겠군요. 우리가 수면을 취하는 동안 느린 파형의 양을 늘릴 수 있다면 기억력을 향상시킬 수 있지 않을까요?

독일의 얀 보른 연구팀이 했던 연구가 바로 그거예요.[68] 앞에서 들었던 사례에서처럼 그들도 피실험자들에게 저녁에 낱말 쌍을 외우게

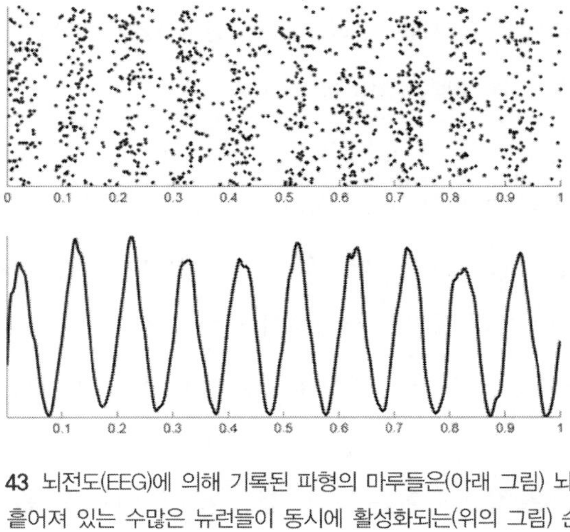

자료 43 뇌전도(EEG)에 의해 기록된 파형의 마루들은(아래 그림) 뇌 곳곳에 흩어져 있는 수많은 뉴런들이 동시에 활성화되는(위의 그림) 순간에 해당한다.

했어요. 그런 다음에 피실험자들은 뇌전도를 기록하기 위한 전극을 머리에 붙이고 잠을 잤죠. 연구자들은 느린 파형이 나타나기를 기다리면서 뇌전도의 궤적을 실시간으로 분석했습니다. 그리고 느린 파형들이 나타났을 때 자고 있는 피실험자들에게 그 파형들과 완벽하게 동시화된 작은 신호음들을 들려줬어요. 그 신호음들은 느린 파형을 증폭시키는 효과가 있죠. 그것은 마치 흔들리고 있는 그네를 그네 속도에 맞춰서 살짝 밀어주면 그네가 점점 더 높이 올라가는 것과 비슷해요.

그런 식으로 느린 파형을 증폭시켰군요. 자기 전에 외운 낱말들을 기억하는 데 그 방법이 효과가 있었나요?

우선, 수면 자체가 기억을 향상시켜 준다는 점을 염두에 두셨으면 해요. 낱말 120쌍을 가지고 한 실험에서 이 소리 강화를 받지 않은 피실험자들은 전날 저녁보다 자고 난 다음 날 낱말을 10개 정도 더 맞혔어요. 하지만 느린 파형에 동시화된 신호음들을 들었던 피실험자들은 다음 날 아침에 맞춘 낱말 개수가 전날 저녁보다 20개 정도 더 많았죠. 또 다른 연구자들은 피실험자들의 두피에 전극들을 붙이고 뇌파에 동시화된 (매우 약한) 전기 자극을 가해도 자는 동안 기억 작용을 도울 수 있다는 사실을 알아냈습니다. 이 전기 자극 기술이 요즘 꽤 유행하고 있어요. 인터넷에 들어가 보면 이 원리를 이용한 상품들이 발빠르게 개발돼 있는 것을 확인할 수 있을 겁니다.

26장

꿈의 기억

앞 장에서는 수면이 기억 강화에 중요한 역할을 한다는 점을 살펴봤습니다. 그런데 반대로, 우리는 잠을 자는 동안 뇌에서 전개되는 정신 활동에 대해서는 거의 기억을 못해요. 우리 주변에는 꿈을 꾸지 않는다고 말하는 사람들이 종종 있습니다. 그럴 수 있나요? 정말로 꿈을 꾸지 않는 사람이 있을까요?

아침에 잠이 깼을 때 기억나는 꿈만 고려하면 꿈의 양을 아주 과소평가하게 돼요. 깊이 자는 사람을 계속 깨워서 무슨 꿈을 꾸고 있었냐고 물어본다면, 우리가 아침에 일어났을 때 기억하는 것보다 훨씬 많은 양의 꿈을 꾼다는 사실을 알 수 있습니다.

우리가 꿈을 그렇게 많이 꾼다면 어째서 깨어있을 때의 일보다 꿈을 훨씬 더 많이 잊어버릴까요? 꿈을 꿀 때 기억의 기능과 각성 상태일 때 기억의 기능은 어떻게 다르죠?

우선, 꿈은 많은 점에서 각성 상태와 비슷합니다. 즉, 우리는 유사한 감각들을 경험해요. 온갖 종류의 사물과 사람들을 보고, 말도 하고, 두려움이나 기쁨 같은 감정들을 종종 강렬하게 느낍니다. 또한 줄거리가 꽤 정교한 이야기들을 체험하죠. 게다가 꿈을 꾸는 동안 뇌전도(EEG)나 감마선 진단법으로 뇌 활성도를 측정해 보면 각성 상태의 뇌 활성도와 대단히 유사합니다.[69]

성장기에 있는 아이들의 경우에 아이들의 지적 발달과 함께 꿈도 발달할 것으로 예상되는데요.

그런 것 같습니다. 만 5살 이전에는 개를 봤다, 과자를 먹는다 같이 꿈이 단순해요. 만 7살부터는 꿈이 복잡해져서 꿈꾸는 사람도 거기에 참여하는 실감 나는 이야기가 만들어지죠.

정말이요? 아이들 꿈은 겉으로 보기에는 그것보다 더 단순해 보입니다. 아마도 언어가 정교하지 못하고 꿈을 묘사할 능력이 없어서 그렇지 싶어요.

아이들의 꿈이 표면상 단순하게 보이는 데에는 그 이유도 있겠지만 그것으로 모든 게 설명되지는 않아요. 실제로 꿈에 대해서 자세히 얘기하는 아이들은 언어가 특별히 발달돼 있는 경우가 아니에요. 오히려 꿈 이야기는 정신적 형상화 능력, 다시 말해서 복잡한 형태들을 머릿속으로 상상할 수 있는 능력과 관계가 있습니다. 아이들에게 나무 블록으로 만든 형태를 보여주고 그것과 똑같이 만들어 보라고 했을 때 이 과제를 제일 잘 해내는 아이들이 꿈 이야기도 가장 정교하게 해요. 꿈에 대한 질문을 받았을 때 아이들이 간단하게 이야기한다면 그것은 단순히 꿈을 설명하지 못해서만은 아닐 겁니다.

따라서 꿈과 각성 상태는 유사한 면이 있군요. 하지만 차이점도 분명히 있는 것 같아요.

물론이에요. 예를 들자면, 꿈을 꾸는 동안 우리는 우리의 행동을 마음대로 통제하지 못합니다. 황금 계단을 올라갈지 피라미드 꼭대기까지 올라갈지 우리는 결정할 수가 없어요. 사건은 그냥 펼쳐질 뿐이죠. 또한 비판적 사고도 거의 하지 않습니다. 욕실에서 고비 사막 위로 날아올라서 사무실까지 간다고 해도 별로 놀라지 않아요. 또 하나 차이점이 있다면, 꿈에서는 우리의 고유한 정체성을 명확히 자각하지 못한다는 사실입니다. 꿈에서 나는 런던을 방문한 나이면서 동시에 영국 여왕의 근위병이기도 하고 심지어 여왕이라고도 느낄 수 있어요. 수면을 취하는 동안에는 전전두엽 영역들이 각성 상태일 때보다 덜 활성화되기 때문에 이런 특징들이 나타나는 것일지 모릅니다. 이 영역들은 행위의 수의적 통제, 계획적 행동, 있음직하지 않은 일에 대한 감지 등에 중요한 역할을 해요.

그렇군요. 저의 첫 질문은 기억에 관한 것이었습니다. 꿈을 꿀 때도 각성 상태에 있을 때처럼 기억이 작동하나요? 우리가 꿈을 기억하지 못하는 이유는 그것과 연관이 있을 것 같은데요.

그게 굉장히 역설적이에요. 수면은 그날의 학습과 기억을 강화하는 데 중요하다고 알려져 있죠. 그런데 꿈을 꾸는 동안에는 우리의 기억력이 유난히 잘 작동하지 않아요. 그래서 우리가 꿈을 꿀 때는 각성 상태에서 있었던 일들을 잘 기억하지 못합니다. 물론 우리가 경험한 일들이 단편적으로 꿈에 많이 나타나기는 하지만, 우리가 겪은 실제 사건들이 고스란히 기억되는 경우는 극히 드물어요. 한편, 우리는 꿈 내용도 잘 기억해 내지 못합니다. 그런데 이런 종류의 기억 장애는 이해하기가 좀 어려워요. 실제로 측두엽 내의 기억 회로들은 꿈을 꿀 때 상당히 활성화되거든요.

요약하자면, 우리의 정신은 각성 상태에 있을 때와 마찬가지로 꿈을 꾸는 동안에도 작동하지만 (우리는 꿈에서 영상이나 감정 같은 것들을 떠올리니까요), 다른 한편으로 꿈은 특히 기억과 관련해서 각성 상태와 매우 다르다고 할 수 있겠군요. 처음의 질문으로 되돌아와서, 그

런데도 우리가 꿈을 부분적으로나마 기억할 수 있는 이유는 뭔가요? 그리고 꿈을 꾸지 않는다고 말하는 사람들은 왜 그렇죠?

간단히 설명하자면, 자는 동안에는 우리가 새로운 기억을 만들어 낼 수 없기 때문입니다. 따라서 밤에 잠이 살짝 깼을 때 그 순간 꾸고 있던 중이거나 그 직전에 꿨던 꿈들만 기억해요. 일단 잠이 깨면 그 짧은 순간을 이용해서 꿈이 사라지기 전에 그것을 기억시키는 것이죠. 그렇기 때문에 꿈을 잘 기억하는 사람들은 밤에 자주 깨는 사람들이고, 꿈을 꾸지 않는다고 말하는 사람들은 잠을 깨지 않고 죽 이어서 자는 사람입니다.

그런가요?

이 사실은 최근의 한 연구에 의해서 입증됐어요.[70] 연구자들은 꿈을 잘 기억하는 사람(1주에 3번 이상) 18명과 꿈을 잘 기억하지 못하는 사람 18명을 선별해서 자는 동안 그들의 뇌전도와 그 밖의 다른 변수들을 기록했어요. 그리고 추가로 밤새 반복적인 소리(삐, 삐, 삐…)를 들려줬는데 이 소리들 사이사이에 돌발음, 즉 그들의 이름을 끼워 넣었죠(삐, 삐, '로베르!' 삐, 삐…). 연구자들은 EEG 분석을 통해서 수면 깊이의 변화(앞의 자료 42를 볼 것)와 돌발음('로베르!')에 의해서 촉발되는 전기적 활성도를 측정했습니다.

꿈을 기억하는 사람들과 꿈을 기억하지 못하는 사람들 사이에 차이점이 발견됐나요?

네. 두 가지 흥미로운 차이점이 있었어요. 우선, 꿈을 기억하는 사람들은 꿈을 잊는 사람들보다 (통틀어서 약 15분 이상) 밤에 더 자주 깼습니다. 이 결과는 꿈을 기억하려면 꿈이 만들어지고 있는 순간에 잠이 깨야 한다는 견해와 잘 부합됩니다. 두 번째 실험 결과는, 꿈을 잘 기억하는 사람들의 경우에 돌발음('로베르!')이 대뇌의 전기적 반응을 유난히 강하게 촉발시킨다는 점입니다. 그들이 잠을 자는 동안에도 말이죠. 이 결과를 놓고 보자면, 뇌가 주변 사건에 특별히 민감한 사람들이 있다는 얘기예요. 잠을 자는 동안에도 예상치 못한 아주 작은 소리가 그들의 뇌를 흔듭니다. 그래서 밤에 잠깐씩 자주 그리고 쉽게 깨요. 그리고 잠이 깼기 때문에 그 직전에 꿨던 꿈을 기억할 수 있는 기회를 갖는 거예요.

그렇다면 꿈을 꾸지 않는다고 말하는 사람들은 어떻게 설명할 수 있나요?

죽은 듯이 아주 잘 자는 사람들이죠.

27장

읽기, 그건 기본이지

정치인들은 입을 모아 말합니다, 초등학교에서 아이들에게 읽기 · 쓰기 · 셈법 같은 기초 학습을 확실하게 시켜야 한다고 말이에요. 계산 학습에 대해서는 앞에서 살펴봤어요. 지금부터는 읽기, 더 정확히 말하자면, 읽기를 배우는 아이에 대해서 알아봤으면 합니다.

당연한 말이지만, 아이들은 글자를 식별하는 법을 배워야 해요. 특히 글자를 이용해서 두 가지를 할 수 있어야 하죠(자료 44). 우선, 글자를 소리로 전환하는 법을 배워야 합니다. '빌루파'라는 낱말이 있다고 가정해 보죠. 우리는 이 낱말이 빌루파, 즉 ㅂ=〔브〕, ㅣ=〔이〕, ㄹ=〔르〕 등으로 발음된다는 것을 알고 있습니다. 이 규칙을 이용하면 글자가 어떤 식으로 조합되든 거의 다 발음할 수 있어요. 하지만 발음을 할 줄 아는 것만으로는 충분하지 않습니다. 이를테면, '개'와 '게'는 똑같이 발음되지만 굳이 이것들을 발음해 보지 않아도 우리는 이 두 낱말이 무슨 뜻인지 알아요.

따라서 아이는 글자를 소리로 전환시켜야 하고 그와 동시에 낱말을 통으로 식별해야 하네요. 이것들을 배울 때 아이의 머릿속에서는 어떤 일이 벌어지나요?

읽기를 배우기 전에 이미 아이는 뇌 안에 시각과 언어라고 하는 두 가지 필수 요소를 갖고 있어요. 시각은 글자를 식별할 수 있게 해주고 언어는 그 글자를 소리와 낱말로 전환시켜주죠.

우선, 읽기에서 가장 중요한 요소인 언어에 관해서 설명해 주세요.

태어나서 채 몇 달도 되지 않아서 (말하기를 배우기도 한참 전에) 아기들은 성인과 동일한 좌뇌 영역들 안에 언어 체계를 갖추게 됩니다(자

자료 44 글자들의 조합을 볼 때 우리는 한편으로는 이것을 소리로 바꾸고 다른 한편으로는 이것에 대해서 우리가 알고 있는 것들(뜻, 유형 등등)을 생각해 낸다.

료 45).[71] 그리고 보편적인 성장 과정에 따라 말하기를 배우면서 말의 소리를 분석하는 법과 낱말 그리고 이어서 문장을 식별하고 만드는 법을 깨칩니다. 그러나 이 아이들에게 있어서 말하기와 관련된 언어적 기술은 전적으로 자동적이고 무의식적으로 습득돼요.

하지만 읽기는 무의식적으로 배울 수 없어요.

맞습니다. 읽기는 말하기를 배우는 것과는 완전히 다르죠. 우리는 아이들에게 음소, 즉 말을 구성하는 기본 소리들을 분명하게 가르쳐야 합니다. 음소란 쓰기를 통해서 눈에 보이는 형태로 표현되는 말의 작은 조각들이에요. 읽기를 배우기 전에도 아이들은 말을 하면서 당연히 음소를 사용하는데, 마치 작곡이 뭔지도 모르면서 작곡을 했던 모차르트처럼 음소가 뭔지도 모르면서 음소를 사용하는 것이죠. 소리

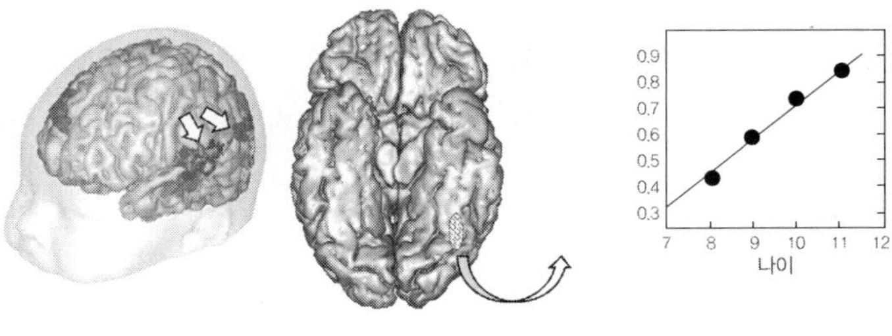

자료 45 생후 3개월 된 아기에게 여러 개의 문장을 들려줬을 때 왼쪽 그림에서 화살표가 가리키고 있는 영역들이 활성화되는데, 이곳은 성인의 뇌에서 언어를 담당하는 영역들과 동일한 자리이다. 가운데 그림에서 보여주는 좌측 측두엽 밑의 작은 영역은 글자들을 식별하는 데 관여한다. 오른쪽 그래프는 읽기를 배울 때 이 영역의 감수성이 해를 거듭할수록 증가하는 것을 보여준다.

에 대한 이런 이해는 읽기 학습과 긴밀하게 연관돼 있습니다. 만약 제가 '두꺼비'라는 낱말을 발음하면서 여러분에게 첫소리를 제거해 보라고 하면 여러분은 즉시 '꺼비'라고 대답할 겁니다. 이 놀이는 글을 읽을 줄 아는 사람들에게는 매우 쉽지만 읽기를 배우지 못한 사람들은 할 수 없어요. 사실상 그들은 두꺼비라는 말소리의 첫 조각이 '두'라는 소리임을 인지하지 못해요.[72]

언어 외에 읽기 학습의 토대가 되는 또 하나의 선천적 능력이 있는데 그것은 바로 시각이죠.

아이의 시각 체계도 역시 배워야 할 것들이 많습니다. 아이는 말의 소리에 주의를 기울이는 것처럼 글자 하나하나에도 주의를 기울일 줄 알아야 해요. 하나씩 차례로 그리고 왼쪽에서 오른쪽으로 말이죠. 또 세부적인 차이점들을 이용해서 글자를 식별하는 법도 배워야 해요(ㄷ과 ㅌ, ㅏ와 ㅑ). 그와 동시에, 역설적이기는 하지만, 완전 다르게 생긴 형태들이 종종 동일한 글자에 해당된다는 사실도 배워야 합니다(로마자의 A와 a). 게다가 글자들의 조합을 식별하는 법도 확실하게 배워야 하죠(왜, 외…). 그 밖에도 더 있지만 이 정도로 하겠습니다.

이때의 뇌 상황은 어떤가요?

이 시각 능력은 대뇌의 한 작은 영역에 정확히 자리를 잡고 있는데, 이 자리는 모든 사람이 다 동일합니다(앞의 자료 45, 가운데 그림을 볼 것). 이 영역은 우리가 보는 물체들(얼굴, 장소, 사물 등등)을 총체적으로 식별하는 일을 하는 넓은 대뇌 피질 구역에 속해 있어요. 아이들이 읽는 법을 배워 나가는 동안 이 영역은 점차 읽기에 특화됩니다(자료 45의 오른쪽 그래프).[73]

일반적으로 아이들은 읽기와 쓰기를 동시에 배웁니다. 이 두 가지 학습은 정확히 어떤 관계가 있나요?

쓰기 학습은 읽기 학습에 많은 도움을 주는데, 여기에는 여러 가지 이유가 있습니다. 예를 들어서, 아이들은 로마자의 b와 d, p와 q처럼 반전된 거울 영상의 글자 짝을 잘 구분하지 못할 때가 많아요. 이것은 어려울 수밖에 없죠. 칫솔이나 고양이는 직접 보든 거울을 통해서 보든 항상 칫솔이나 고양이예요. b와 d의 경우처럼 거울 영상의 두 형태가 별개의 사물이라는 사실은 매우 낯선 상황입니다. 하지만 b와 d를 쓸 때의 손동작은 상당히 달라요. 쓰기 시간뿐만 아니라 읽기 시간에도 글자 쓰는 법을 가르치면 아이들이 두 개의 글자를 구분하는 데 도움이 되는 이유가 바로 이 때문입니다. 게다가 쓰기는 반드시 왼쪽에서 오른쪽으로 글을 읽어야 한다는 사실을 이해시킵니다. 마지막으로, 쓰기를 가르치면 손글씨를 읽는 데 도움이 돼요. 손글씨는 종종 활자보다 읽기가 어렵죠. 우리가 손글씨를 읽을 때 운동 체계와 근접한 대뇌 영역이 활성화되는데, 이 영역은 우리에게 글씨를 쓰는 손동작을 상상하게끔 만드는 것으로 보이며 이것이 읽기를 도와줍니다.[74]

따라서 읽기를 배우는 아이는 언어와 시각의 대뇌 구조를 수정해서 둘 사이에 정보 교환이 이루어질 수 있게 하는군요. 그렇게 하려면 훈련이 많이 필요하겠네요.

'교양' 있는 젊은 성인이라면 그 나이에 이를 때까지 수억 개의 낱말을 읽게 됩니다. 그래서 성인의 시각 능력은 매우 발달돼 있어요. 막 읽기를 시작한 아이들은 하나의 낱말을 이해하려면 글자들을 하나하나 읽어야 하고, 그래서 낱말이 길면 그것을 읽는 데 걸리는 시간도 그만큼 많이 걸려요. 그러다가 점차 한 낱말의 글자들을 통으로 식별하는 법을 깨우치게 됩니다. 그래서 우리처럼 능숙하게 글을 읽게 되면 '물' 같은 짧은 낱말이나 '아이스크림' 같은 긴 낱말이나 그것들을 읽는 데 걸리는 시간이 별반 차이가 나지 않게 돼요. 또 한편으로, 아이들은 굳이 소리를 거치지 않고도 낱말들을 식별할 수 있게 됩니다. 그들의 머릿속 사전은 더 두꺼워지고, 개 · 게 그리고 걸었다 · 걷는다 · 걷고 있었다 등을 구별하는 법도 배웁니다. 이렇게 모든 것들이 저절로 이루어지면 문장을 들을 때처럼 문장을 읽는 것도 수월해지죠.

이 주제를 마무리하기 전에 읽기 학습에 대한 실용적인 조언을 해주실 수 있을까요?

그럼요. 아이들에게 쓰기 체계에 대해서 반드시 명확하게 설명해 줘야 합니다. 글자와 소리의 대응 · 왼쪽-오른쪽의 방향 · 글자 순서 등을 구체적으로 예를 들어가며 설명해 줘야 해요. 또한 학습은 간단한 내용에서 복잡한 내용으로 진행돼야 합니다. 이를테면, 글자 'ㅂ'이 〔브〕 소리가 난다는 것을 가르치고 나서 'ㅃ'이 〔쁘〕 소리가 난다는 것을 가르쳐야겠죠. 또 앞에서 말씀드렸던 것처럼, 읽기와 쓰기 학습을 긴밀히 연결시킬 필요가 있습니다. 그리고 당연한 얘기지만, 힘들이지 않고 저절로 글을 읽을 수 있게 되려면 시간을 들여서 읽기를 충분히 연습해야 해요.

이상은 읽기 학습에 대한 조언이었습니다.[75] 교육과 관련해서 좀 더 일반적인 조언은 어떤 게 있을까요?

이것은 읽기를 포함해서 모든 학습에 적용될 수 있는 말인데, 아이들은 능동적으로 학습에 참여할 수 있어야 하고 따라서 그들에게 동기를 심어줘야 해요. 또한 교육은 아이들의 수준에 맞아야 하고요. 아이들은 약간의 실수가 있어야 향상할 수 있지만 실수가 지나치게 잦아지면 좌절할 위험이 있으니까요.

28장

보끔밥과 볶음밥, 망가진 글씨

우리가 배운 것들이 (안타깝게도) 하루아침에 사라져버리는 경우도 있어요. 읽기 · 쓰기 · 셈법 같은 중요한 기초 학습까지 말이죠. 4부에서 우리는 뇌 손상이 암산 능력을 어떤 식으로 망가뜨리는지 봤습니다. 지금부터는 뇌를 노리는 갖가지 사고와 질병이 쓰기 능력을 망가뜨리는 경우를 살펴봤으면 합니다.

글자를 쓰는 데 생긴 장애를 이해하기 위해서는 '건강한 사람은 어떻게 쓰는가?'를 먼저 물어야 합니다. 그런 다음에야 정상적 과정들이 어떤 식으로 망가지는지 분석할 수 있어요. 차를 고치려면 엔진이 어떻게 움직이는지 어느 정도 알아야 하는 것처럼 말이죠. 쓰기를 살펴보기 위해서 우선 간단한 예를 하나 들어 보겠습니다. 여러분이 볶음밥을 봅니다. 그리고 조금 뒤에 여러분은 '볶음밥'이라고 씁니다. 이 두 순간 사이에 어떤 일이 벌어졌을까요? 일단 그게 볶음밥이라는 것을 알아봤다면, 첫 단계로 여러분은 여러분의 머릿속 사전을 뒤집니다. 여러분은 볶음밥에 대해서 많은 것들을 알고 있어요. 먹을 수 있고, 쌀이 주재료이며, 이런저런 맛이 나고, 어떤 모양이다 등등. 볶음밥과 관련해서 여러분의 기억 속에 저장된 이 백과사전적 지식들 가운데는 맞춤법도 있습니다. 이론상으로는 다양한 방법으로 이 낱말을 쓸 수 있겠지만 (보끔밥 등등) 정확한 맞춤법은 '볶음밥'이라는 것을 여러분은 알고 있어요.

맞춤법에 대한 지식을 잃어버릴 수도 있나요?

그럼요. 예를 들어서, 측두엽의 전방부가 퇴화되는 의미 치매를 앓는 환자들은 낱말에 대해서 자신이 알고 있던 것들을 점진적으로 잊어버리는데 특히 의미와 맞춤법을 잊어버리죠. 그런 환자는 고양이를 '고양이'라고 쓴다는 것은 비교적 잘 알아요. 이 소리는 언어 규칙에 잘 들어맞으니까요. 하지만 볶음밥처럼 맞춤법을 짐작하기 어려운 낱말은 '보끔밥'처럼 틀리게 쓸 가능성이 높습니다.

의미 치매에 걸리지 않아서 낱말을 쓸 때 필요한 글자 목록을 잘 기억하고 있다면(ㄱ, ㄴ, ㄷ, ㄹ 등등) 쓰기에 어려운 일은 거의 없지 않나요?

천만의 말씀이에요! 여러분이 실제로 종이에 낱말을 쓰기 위해서는 시간이 꽤 걸립니다. 볶음밥 같은 낱말의 경우에는 아마도 몇 초는 걸리지 싶어요. 그 시간 동안 여러분은 써야 할 글자들의 배열을 머릿속으로 떠올리고 있어야 합니다. 또 자신이 정확히 그 배열대로 쓰고 있는지도 알아야 하죠. 그러지 못하면 글자 하나를 빠뜨리거나 이중으로 쓰거나 혹은 글자 순서를 뒤바꿀 우려가 있어요. 이것이 바로 작업 기억이라고 부르는 것으로, 작업 기억은 여러분이 정보를 사용할 때 몇 초 동안 그것을 여러분의 의식 속에 유지할 수 있게 해줍니다. 만약 이 작업 기억의 기능이 상실되면 제가 앞서 언급했던 식의 쓰기 실수를 하게 되죠(글자를 빠뜨린다거나, 이중으로 쓴다거나, 순서를 뒤바꿔서 쓴다거나). 그리고 단기 기억에서 잠깐만 머무르면 되는 짧은 낱말보다는 긴 낱말에서 훨씬 많은 실수를 할 겁니다.

낱말들의 맞춤법이 저장된 머릿속 사전을 담당하는 뇌 영역과, 글자를 쓰는 동안 그것들의 배열을 보관하는 단기 기억을 담당하는 뇌 영역은 서로 다른가요?

최근에 정확히 그 문제를 다룬 논문이 한 편 발표됐어요.[76] 연구자들은 14년 이상 끈기 있게 환자들을 선별해서 총 33명을 연구했습니다. 이 환자들은 뇌졸중의 후유증으로 머릿속 사전과 단기 기억이 하나 혹은 둘 모두 손상돼서 (실서증이라고 부르는) 쓰기 장애를 갖게 된 사람들이었죠. 이 논문의 저자들은 환자들의 뇌 손상을 규명하기 위해서 그들의 뇌를 MRI나 스캐너로 찍었어요(자료 46). 그래서 두 유형의 실서증을 앓고 있는 환자들의 뇌 손상을 비교해본 결과, 두 개의 별개 영역이 여기에 관련돼 있다는 사실을 확인했습니다. 한 영역은 맞춤법이 저장된 머릿속 사전과 관련이 있고, 다른 한 영역은 글자들을 쓰는 동안 글자 배열에 대한 기억을 유지하는 것과 관련이 있어요.

머릿속 사전과 단기 기억이 모두 잘 작동하고 있다고 해도 손을 움직여서 글자를 쓰는 단계가 남아 있어요. 제 추측으로는 이 부분에도 문제가 생길 수 있을 것 같습니다.

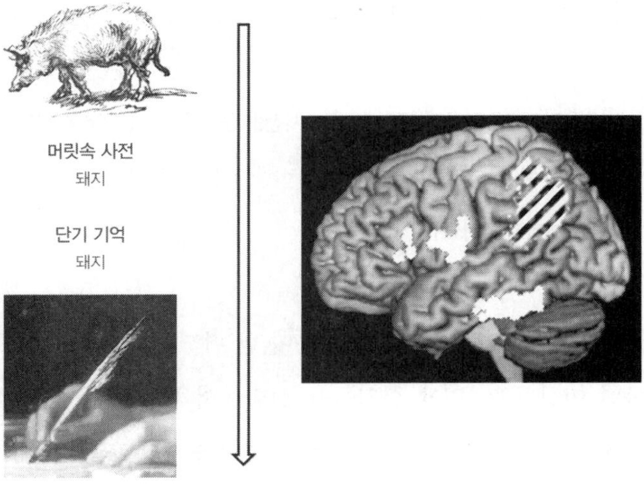

자료 46 명명해야 할 물체를 식별했으면 머릿속 사전(흰색 영역)에서 맞춤법을 꺼낸 다음 글자를 쓰는 동안 그것을 단기 기억(빗금 친 영역)에 저장해 놓아야 한다.

너무 앞서 나가셨어요! 손동작까지 가기 전에 선택할 게 몇 가지 있습니다. 우선, 손으로 쓰는 방법이 있는데 이것은 글자를 써 나가는 일련의 운동 과정을 복원해야 한다는 것을 전제하죠. 두 번째로는, 자판을 이용할 수 있는데 이것은 전혀 다른 손동작을 요구합니다. 세 번째 쓰기 방법은 사실상 입으로 하는 것으로서, 고양이라는 낱말을 '기역-오-이응-야…'하고 한 글자씩 큰 소리로 말하는 것입니다.

이 여러 가지 쓰기 형태에 개별적으로 장애가 생길 수도 있나요?

네. 다음 자료는 경미한 뇌졸중의 후유증 때문에 자판을 사용할 때는 실수를 많이 하는데 손으로 쓸 때는 문제가 없었던 환자의 글씨입니다(자료 47, 왼쪽 그림).[77] 자판이 아니라 손으로 쓴다고 해도, 로마자의 경우에는, 대문자로 쓸지 소문자로 쓸지를 결정해야 해요. 이 방향성에서도 문제가 발생할 수 있습니다. 다음 자료의 오른쪽 그림은 낱말 내부에서 대문자와 소문자를 혼동했던 환자의 사례예요. 흥미로운 사실은, 이 환자의 경우에 손에는 결함이 없었다는 점입니다. 글자 조각들을 가지고 조각 맞추기를 했을 때도 이 환자는 대문자와 소문자를 똑같이 혼동했기 때문이에요(자료 47, 오른쪽 그림).[78] 따라서 그것은 사실상 대문자와 소문자의 추상적 방향성을 조절하는 데 생긴 문제였습니다.

모든 게 잘 작동해서 맞춤법 · 기억 · 각각의 쓰기 형태에 문제가 없다

고 해도 손으로 펜을 잡고 종이에 글씨를 쓰는 구체적 동작을 실현하는 일이 남아 있습니다. 이 부분에도 장애가 생길 수 있지 않을까요?

여기에도 여러 가지 경우가 가능합니다. 어떤 환자들은 글자를 쓰기 위해서 따라가야 하는 궤적을 몰라요. 초등학교에서 힘들게 습득했던 쓰기 동작의 순서를 잊어버린 것이죠. 다음 보기는 형태를 알아볼 수 없는 한 환자의 글씨입니다(자료 48). 이것은 전문 용어로 실행성 실서증이라고 부르는 것으로, 환자가 손동작을 몰라서 글씨를 쓰지 못하는 거예요.

뇌와 관련해서 생길 수 있는 쓰기 문제를 더 깊이 들어가 보죠. 이제 손동작을 실행하는 데까지 왔습니다. 글자가 어떤 형태를 취하는지는

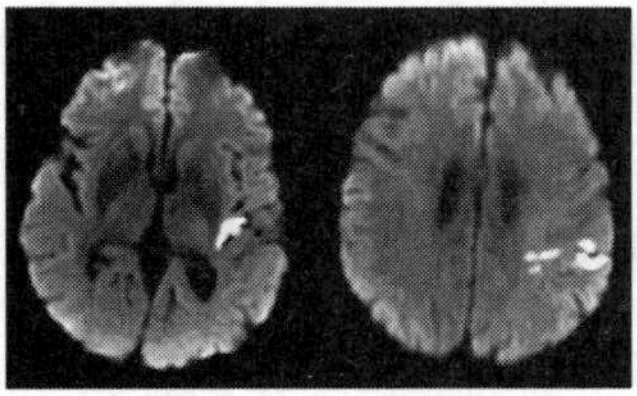

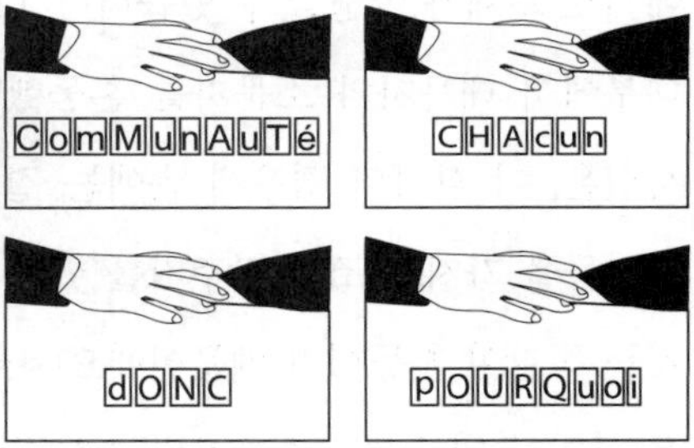

자료 47 왼쪽 그림은 뇌 손상(흰 반점)을 입은 환자의 뇌와 이 환자가 타자로 작성한 문장. 이 환자는 대소문자를 혼동하지는 않았으나 철자에서 많은 실수를 범해서 문장의 뜻이 통하지 않는다. 오른쪽 그림은 철자는 맞지만 대소문자를 혼동한 다른 환자의 예. 이 환자는 손글씨와 글자 조각 맞추기에서 똑같은 실수를 범했다.

잘 아는데 결함 때문에 그것을 정확히 쓰지 못하는 환자들은 어떤 문제가 있는 건가요?

쓰기처럼 섬세하고 정확한 동작들은 대뇌 피질 · 뇌 깊은 곳에 있는 기저핵 · 소뇌 · 뇌간 등을 포함해 운동 체계의 많은 구성 요소들이 관여합니다. 따라서 신경 질환들이 갖가지 유형의 결함을 초래하면서 특히 쓰기에 타격을 입히게 돼요. 손이 마비돼서 글자를 쓰지 못하게 된 환자들의 경우는 건너뛰겠습니다. 아주 전형적인 쓰기 이상은 파킨슨병의 경우로 미세 표기가 특징이에요. 이 사람들은 글씨를 점점 작게 쓰는 경향이 있죠. 낱말이나 문장의 첫 부분은 형태가 잘 잡혀있는데 뒤로 갈수록 작아져서 결국에는 읽을 수 없게 되는 경우가 많아요. 또 하나의 예는 본태성 떨림이라고 부르는 잦은 떨림인데, 일반적으로는 떨리는 정도가 심하지 않습니다. 하지만 본태성 떨림이 심하면 거기에 곁달아 일어나는 흔들림 때문에 쓰기가 완전히 불가능해질 수도 있어요(자료 48).

자료 48 왼쪽은 글자의 선을 긋는 순서를 잊어버린 실행성 실서증 환자의 글씨. 오른쪽은 심각한 본태성 떨림이 있는 환자의 글씨.

필기 경련이라고 하는 것도 있죠?

필기 경련은 근육 긴장 이상군에 속하는데, 근육 긴장 이상군이란 근육이 지속적이고 불수의적으로 수축하는 질환들을 광범위하게 가리킵니다. 필기 경련은 불수의적 수축이고 종종 통증을 수반하며 환자가 글씨를 쓰기 시작할 때에만 손과 팔에 나타나요. 심각한 경우에는 쓰기가 불가능해져서 환자들은 종종 어쩔 수 없이 다른 쪽 손으로 쓰는 법을 배우는데 그 손에 다시 필기 경련이 생길 때도 있어요.

볶음밥의 맞춤법에서부터 필기 경련에 이르기까지 신경 과학이 우리를 위해서 마련해 놓은 각양각색의 (단지 일부에 불과할…) 쓰기 기능 상실에 관해서는 이것으로 마치겠습니다.

29장

런던의 택시 기사

머릿속의 GPS

배우고, 암기하고, 저장하고, 연습해서 마침내 우리 안에 각인된 이 모든 새로운 사실들이 뇌에 물리적으로 길을 냈다면 우리는 이 자취를 눈으로 보고 손으로 만질 수 있을까요?

지금부터 특별한 사례 하나를 살펴보려고 합니다. 학습이 뇌에 남긴 자취를 현미경이나 분자 생물학의 도움 없이 관찰할 수 있는 사례예요. 자, 이제 런던으로 짧은 신경학 여행을 떠나요. 런던에서 최고의 이동수단은 뭐니 뭐니 해도 블랙캡이라고 하는 유명한 까만 택시죠. 지금은 택시 색깔이 다양해졌지만 말이에요.

택시를 타고 어디를 가려고요?

너무 서두르지 마세요. 십여 년 전부터 런던의 택시 기사들은 신경과학의 집중적인 연구 대상이 돼 왔습니다. 사실 그 택시 기사들은 굉장히 숙련된 사람들이죠. 그래서 연구자들은 보통 수준을 뛰어넘어 전문 능력을 획득한 사람들의 뇌가 어떻게 작동하는지 이해하고, 보편적 학습 체제를 더 확실히 밝히기 위해서 그들을 연구했습니다.

런던의 택시 기사들이 갖고 있다는 비범한 능력은 뭔가요?

런던에서 택시 기사가 되려면 면허 'the Knowledge'를 따야 합니다. '지식'이라는 뜻의 이 면허를 따려면 런던의 채링크로스역을 중심으로 반경 약 10킬로미터 내의 지역을 샅샅이 알아야 해요. 그곳은 25,000개의 거리와 20,000개의 명소가 밀집된 구역으로, 박물관과 호텔부터 경찰서와 식당까지 수많은 시설들이 빼곡히 들어차 있죠. 택시 기사 교육은 3년에서 4년이 걸리고, 기본 노선 320개를 집중적으로 배우게 됩니다. 택시 기사 수련생들은 이 노선들을 완벽하게 외워서 그림으로 그릴 수 있어야 해요. 주요 도로에서 시작되는 모든 골목길, 식당들의 순서, 신호등 같은 것들까지 말이죠. 런던에 가면 택시 기사 수련생들이 스쿠터로 시내를 누비고 다니며 훈련하는 모습을 볼 수 있습니다. 최종 시험은 대단히 어려워서, 지원자들은 면허를 따기까지 평균 10번에서 12번 정도 시험을 봐요.

GPS가 발달하면서 택시 기사 교육에 대한 관심은 줄어들었을 것 같

은데 그것은 여기서 중요한 얘기가 아니겠죠. 택시 기사들은 런던의 항행 분야에서 최고 전문가인 셈이네요. 그 기술은 뇌 어느 곳에 자리를 잡고 있나요?

런던의 한 연구팀이 밝힌 바에 따르면, 택시 기사들은 뇌의 특정 영역, 즉 해마 뒷부분이 해부학적으로 더 발달해 있어서 런던의 일반 시민들과 비교했을 때 그곳의 회백질이 더 크다고 해요(자료 49).[79] 런던의 대중교통 홈페이지에 가보면 'the Knowledge makes your brain grow', 즉 '택시 면허가 당신의 뇌를 키웁니다.'라고 선전하는 광고를 볼 수 있는데 바로 이 연구에서 영감을 받아서 만든 구호죠.

집중 훈련이 택시 기사들의 해마 크기를 키운 걸까요?

이 연구자들이 2000년에 택시 기사들의 해마가 상대적으로 크다는

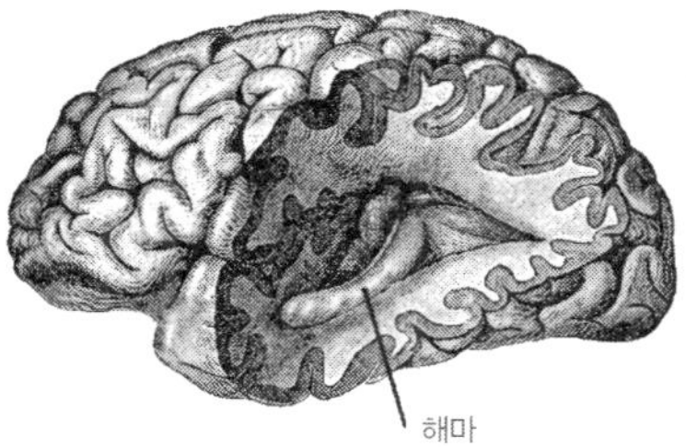

자료 49 뇌를 절개해서 해마를 드러낸 모습.

사실을 발견한 이후로 닭이 먼저냐 달걀이 먼저냐 하는 문제가 지속적으로 제기됐습니다. 사실, 택시 기사들의 능력 습득이 해마의 발달을 촉진한다고 생각할 수도 있고, 애초에 해마가 크고 방향 감각이 좋은 사람들이 택시 기사를 직업으로 선택해서 면허 시험에 붙는다고 생각할 수도 있어요.

그렇다면 뭐가 달걀이고 뭐가 닭이죠?

동일한 연구팀이 몇 년 전에 발표한 연구가 있는데, 정확히 그 문제에 대한 답을 찾으려는 것이었어요.[80] 그들은 4년간의 택시 기사 교육을 막 시작한 견습생 80명을 대상으로 그들의 뇌 MRI를 찍었습니다. 연구자들은 그들이 교육을 받기 전과 받은 후의 뇌 사진을 개별적으로 비교해 보기 위해서 끈기 있게 4년을 기다려 두 번째 MRI도 찍었어요. 피실험자들은 3개 하위 집단으로 나뉘어서 별도로 연구됐는데, 첫 번째 집단은 최종 시험에 합격해서 택시 면허를 취득한 견습생들이었고, 두 번째 집단은 시험에 떨어진 견습생들이었으며, 세 번째 집단은 이 4년 동안 전혀 다른 일을 한 실험 대조군이었죠. 해마 발달의 원인이 훈련인지, 아니면 훈련이 해마 발달의 원인인지를 판정하기 위해서 연구자들은 4년간의 수습 기간이 시작될 때 이 세 집단이 동일한 상태에서 출발할 수 있도록 했습니다. 즉, 그들은 지적인 면에서도 차이가 없었고(동일한 IQ, 동일한 기억력, 동일한 방향 감각 등등) 뇌의 해부학적 차이도 없었어요(특히 해마의 크기).

런던의 지형을 익히는 4년의 견습 기간 동안 그들의 뇌가 변했나요?

면허 시험에 합격해서 다른 사람들보다 더 많이 훈련된 사람들의 경우에만 해마의 회백질이 미미하기는 하지만 측정 가능할 정도로 증가했습니다. 시험에 떨어진 사람들과 대조군의 경우에는 어떤 변화도 나타나지 않았어요.

공간을 항행하는 데 해마가 관여한다는 생각을 분명하게 뒷받침해 주는 결과네요. 해마의 역할에 대해서는 정확히 밝혀졌나요?

해마가 위치를 탐지하는 데 쓰인다는 생각은 특히 쥐를 가지고 실험한 여러 연구에 근거를 두고 있는데 2014년에 마이-브리트 모세르, 에드바르 모세르, 존 오키프가 이 연구로 노벨상을 받기도 했어요. 인간의 경우에는, 공간 안에서의 방향성과 관련해서 해마의 역할이 아직까지 확실하게 밝혀지지 않았습니다. 해마가 기억에 중요하다는 점은 잘 알려져 있어요. 특히 해마는 우리가 살면서 겪는 사건들에 대한 기억을 형성하는 데 중요합니다. 몇 년 전에 동일한 그 런던 연구팀이 뇌염에 걸려서 해마를 심하게 다친 한 택시 기사를 연구할 수 있는 '행운'을 잡게 됐어요.[81] 택시 기사가 해마를 상실했을 때 능력도 상실한다는 것을 밝혀낼 수 있다면 해마가 온전했을 때 어떤 일을 했을지 논리적으로 추론할 수 있죠.

전혀 그렇지 않았어요! 심리학 연구실에서 런던의 지형에 대한 지식을 검사했을 때 그 사람은 대답을 아주 잘했죠. 하지만 연구자들은 그를 좀 더 현실적인 방법으로 검사했습니다. 그에게 런던의 A지점에서 B지점까지 택시를 실제로 운전해 보게 한 거예요. 사실은 마치 비디오 게임처럼, 런던을 그대로 복원해 놓은 가상 현실을 사용했죠. 연구자들은 이 택시 기사가 주요 도로들만 지나는 노선은 문제 없이 다닌다는 사실을 주목했어요. 주요 도로에 대한 그의 지식이 유지됐던 이유는 아마도 그 도로들이 추상적이고 이론적으로 잘 알려진 것들이었기 때문일 겁니다. 마치 우리가 런던의 관광 안내 책자를 보고 그것들을 알고 있는 것처럼 말이에요. 그와 반대로, 새로운 우회로를 찾아내야 하는 노선들은 환자를 곤경에 빠뜨렸어요. 말하자면, 해마는 그가 지나가 본 적이 있는 좁은 길들에 대한 기억을 되살려 내서 그것을 이용해 새로운 노선을 만들어 내는 데 반드시 필요한 것 같았습니다. 이 설명은 기억과 항행이라는 해마의 두 가지 역할을 양립시킬 수 있죠. 런던의 택시 기사 이야기는 우리 뇌가 해부학적으로 절대 고정돼 있지 않으며, 사는 동안 우리가 획득하는 능력에 따라서 약간은 바뀔 수 있다는 사실을 보여줍니다.

30장

원자 폭탄의 혜택

뉴런의 재생

학습하고 변화할 수 있는 뇌의 능력은 우리가 죽을 때까지 유지됩니다. 비록 그 가소성이 유년기에 더 크다고 해도 말이죠. 뇌의 가소성은 뉴런들 간의 연결이 변화하기 때문이고, 뉴런 자체는 재생되지 않는다고 일반적으로 알려져 있습니다. 정말 그런가요?

오래전에는 뉴런들이 우리가 태내에 있는 동안에만 증식하며 출생 이후에는 증식을 멈춘다는 것이 정설이었어요. 하지만 1960년대 이후로 여기에 대한 의문이 조금씩 제기돼 왔죠. 성인기에도 뇌의 특정 영역들에서는 뉴런들이 새로 만들어지는 것으로 보입니다.[82] 이 신경생물학적 문제를 연구하기 위해서 신경 과학자들이 현미경 대신 원자 폭탄을 이용하는 기발한 생각을 했는데 그 이야기를 해볼까 해요.

원자 폭탄이요?

신경 과학자들을 위해서 폭탄을 터뜨렸다는 얘기는 아니고, 핵무기의 폭발을 활용하는 방법을 찾아냈다는 것이죠. 이것을 이해하려면 우선 물리학을 약간 알아야 합니다. 탄소14(^{14}C)에 대해서는 많이 들어보셨을 텐데, 이것은 고대나 선사 시대 유물의 연대를 측정하는 데 사용됩니다. ^{14}C가 생성되고 소멸되는 과정은 다음과 같습니다. 대기를 이루고 있는 기체들 중에는 이산화탄소, 즉 CO_2가 소량 존재해요. 이름에서 알 수 있듯이 이산화탄소 분자 안에는 탄소 원자들이 포함돼 있어요. 이 탄소는 99%가 탄소12지만 질량이 약간 더 큰 (10억분의 1) 탄소 동위 원소 ^{14}C도 미량 들어 있습니다. ^{14}C의 비율은 시간이 지나도 변하지 않아요. 한편으로는, 대기로 쏟아지는 우주선(宇宙線)의 영향으로 질소 원자 일부가 ^{14}C로 변하기 때문에 ^{14}C는 계속해서 조금씩 만들어집니다. 다른 한편으로는, ^{14}C는 불안정해서 (^{14}C는 방사성을 띱니다.) 서서히 다시 질소로 변하기 때문에 계속해서 소멸돼요. 따라서 플러스마이너스 제로가 돼서 ^{14}C의 비율은 동일하게 유지되죠.

폭탄에 대한 이야기는 언제 나오나요?

지금부터예요. 1950년대부터 미국과 소련 사이에 냉전이 벌어져서 두 진영은 더 강력한 원자 폭탄을 개발하기 위해 서로 경쟁을 벌입니다. 1955년과 1963년 사이에 그들은 원자 폭탄을 실험하려고 생태나 공중 보건은 안중에도 없이 대기층에다 폭탄을 터뜨렸어요. 그것이 그 유명한 원폭 버섯구름이죠. 1963년에 미국과 소련 그리고 그 밖의 많은 나라들은 핵 실험의 부분적 금지 협정을 체결했어요. 본론으로 돌아와서, 버젓이 하늘에서 원자 폭탄을 터뜨린 결과로 대기 중 CO_2의 ^{14}C 비율은 급격하게 증가했습니다. 1955년부터 ^{14}C의 비율이 급상승해서 1963년경에는 최고치를 찍었죠(자료 50). 이어서 실험 중단으로 이 비율은 다시 떨어져서 아직도 계속 감소하고 있어요. 지금은 거의 평상시 수준에 근접할 정도까지 내려왔습니다.

폭탄의 역사는 확실히 알겠는데, 대기 중 ^{14}C의 비율이 최고치를 찍은 것이 뉴런의 생성을 연구하는 데 어떤 식으로 도움을 줬나요?

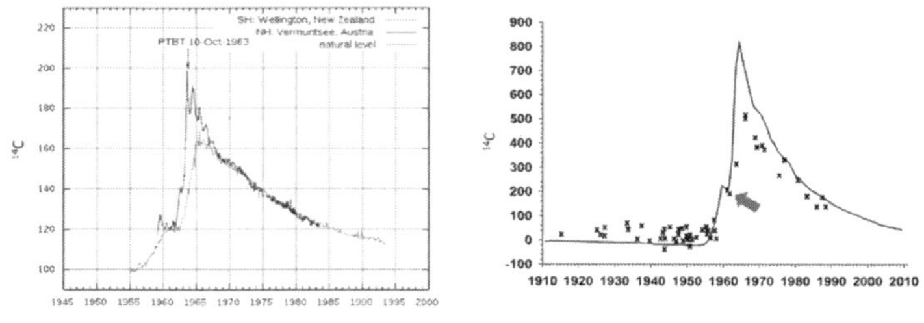

자료 50 왼쪽 그래프를 보면, 원자 폭탄이 대기층에서 폭발했을 때 장소와 무관하게 대기 중의 ^{14}C 비율이 상승한 것을 알 수 있다. 오른쪽 그래프는 각 해당 연도에 해마에서 만들어진 뉴런들의 ^{14}C 비율이다. 예를 들어서, 1920년에 태어난 남자의 뇌에서 1960년에 만들어진 뉴런(화살표)이 발견됐다면 이 뉴런은 40살 된 뇌에서 만들어졌다는 뜻이다.

세포는 아무것도 없는 데서 만들어지지 않아요. 새 세포가 만들어진다는 것은 실제로는 기존 세포가 둘로 분열되는 것을 뜻합니다. 처음에 세포 1개가 있고 이것이 분열돼서 세포 2개가 되는 것이죠. 그런데 세포가 분열하는 과정에서 대단히 중요한 일이 일어납니다. 모세포가 DNA를 많이 합성해 내야 한다는 거예요. 사실상 DNA의 양을 2배로 불려야 합니다. 그것은 2개의 딸세포가 질적 · 양적으로 동일한 DNA를 가져야 하기 때문인데, DNA에는 모세포로부터 물려받는 유전 암호가 담겨있죠. 모든 유기 분자들처럼 DNA도 상당 부분이 탄소로 이루어져 있습니다. 따라서 세포는 분열할 때 DNA를 새로 합성하기 위해서 대기 중에 존재하는 탄소를 이용해요. 결과적으로 한 세포의 DNA 내 ^{14}C의 비율은 그 세포가 생성될 당시의 대기 중 ^{14}C의 비율과 동일합니다.

따라서 어떤 세포가 1960년에 만들어졌다면….

그 세포의 DNA 안에는 1960년의 대기 중 ^{14}C의 비율과 동일한 비율의 ^{14}C가 들어있겠죠. 이것이 바로 원자 폭탄을 이용해서 세포의 생성 시기를 확인하는 방식입니다. 1963년에 만들어진 세포는 원자 폭탄 때문에 ^{14}C의 비율이 높아요. 1955년 전에 만들어진 세포는 ^{14}C의 비율이 낮고요.

성인의 뇌에서 뉴런이 분열하는지에 대한 답을 찾기 위해서 연구자들

은 구체적으로 어떤 방법을 썼나요?

그들은 20세기에 태어나고 2000년과 2012년 사이에 스웨덴에서 사망한 사람들로부터 적출한 뇌를 수집했습니다.[83] 이어서 기억에 중요한 역할을 하는 해마를 뇌에서 분리해 냈는데, 해마에서 뉴런이 증식한다고 추정할 만한 여러 이유가 있었기 때문이죠(앞의 자료 49를 볼 것). 그들은 해마에서 다른 세포들은 제거하고 뉴런만 골라낸 다음, 거기에서 DNA를 추출해서 ^{14}C 비율을 측정했어요. 그들은 이 ^{14}C의 비율을 대기 중 ^{14}C의 비율 곡선과 비교해 보면서 뉴런의 생성 시기를 논리적으로 추정했습니다.

제가 제대로 이해했다면, 해마에서 뉴런들이 만들어졌을 때 그 사람이 몇 살이었는지가 핵심일 것 같은데요?

정확합니다. 원리는 아주 간단해요. 만약 X씨가 1930년에 태어났고 그의 뇌에서 1960년에 생성된 뉴런들이 발견된다면 그 뉴런들은 X씨가 30살이었을 때 만들어진 거예요. 이것으로부터 일반적으로 끌어낼 수 있는 결론은, 성인기에도 뉴런들이 새로 만들어진다는 것이죠.

냉전을 정말 참신하게 이용했네요. 끝으로, 이 연구의 결론을 간단히 요약해 주시겠습니까?

뉴런들은 성인기까지, 적어도 40대까지는 새로 만들어져요. 해마의 뉴런들 가운데 대략 3분의 1이 이처럼 재생된 뉴런들인데 개수로 보자면 하루 약 1,400개에 해당합니다. 인간의 뇌에서 유일하게 해마에서만 이런 일이 일어나요. 이와 같은 뉴런의 재생이 기억력의 기능에서 중요한 역할을 하는지 아닌지는 아직 밝혀내지 못했습니다. 어떤 역할을 할 것 같기는 한데 이것은 또 다른 이야기예요.

31장

머리는 필요 없어, 인터넷이 있으니까!

우리의 뇌는 분명히 엄청난 학습 능력을 갖고 있어요. 하지만 지금은 인터넷으로 아주 빠른 시간 안에 거의 무한정한 정보를 얻을 수 있는 시대이고 따라서 이전처럼 뇌 안에 정보를 채워 넣을 필요는 없을 것 같습니다. 선생님께서는 우리가 인터넷을 집중적으로 사용하면 뇌에 변화가 생긴다고 생각하세요?

뇌의 기본 구조로 말하자면 크게 변하는 것은 없을 겁니다. 종이에 쓰인 글을 읽는 것과 컴퓨터 화면으로 글을 읽는 것, 마우스를 누르는 것과 책장을 넘기는 것 사이에는 큰 차이가 없어요. 하지만 손가락 끝에서 정보를 무제한으로 얻어낼 수 있고 순식간에 한 영역에서 다른 영역으로 건너뛸 수 있다는 사실은 우리가 사용하는 지적인 전략, 즉 우리의 사고 방식을 변화시킬 가능성이 높습니다.

좋은 쪽으로 변할까요, 나쁜 쪽으로 변할까요?

그런 식의 문제는 아닙니다. 몇 년 전에 니콜라스 카가 『생각하지 않는 사람들: 인터넷이 우리의 뇌 구조를 바꾸고 있다』라는 제목의 책을 발표해서 전 세계적으로 호응을 불러일으켰죠.[84] 대강 보자면, 그는 인터넷의 과도한 사용이 우리의 사고를 피상적이고 경박하게 만든다고 주장합니다. 그래서 우리는 지적으로 집중하거나 연속적으로 사고할 수 없게 되고 문학 작품을 깊이 있게 읽을 능력도 잃어버린다는 거예요. 사실 이 관점은 대단히 주관적입니다. 그의 주장과는 반대로, 대부분의 사람들은 쉽게 접근할 수 있는 다량의 정보 덕분에 자신들의 사고가 더 풍부해졌다고 말할 겁니다. 어제 저는 로마에 정복되기 이전에 고대 스페인에서 사용됐던 언어에 관한 자료를 찾고 싶었어요. 하지만 몇 주 동안 어두운 도서관 안에서 헤매고 다닐 필요가 없었죠. 세탁소에서 기다리는 동안 10초 만에 휴대 전화로 원하던 정보를 찾아냈으니까요.

따라서 인터넷이 우리의 정신에 영향을 끼치는지 아닌지에 대한 판단은 각자의 취향에 달린 문제일 뿐, 거기에서 객관적으로 중요한 결론을 끌어낼 수는 없을 것 같네요.

꼭 그렇게 볼 수만은 없어요. 한 가지 예로, 정보 과학 시대에 우리가 우리의 기억을 사용하는 방식에 관해서 조사한 연구가 최근에 있었어요. 사실상 인터넷의 가장 분명한 기능은 외부 기억 기능입니다. 원리는 전혀 새로울 게 없어요. 만약 제가 가족들 생일을 기억하는 일을 아내에게 맡긴다면 저는 제 기억에 딸려 있는 일종의 부속 기관으로 아내의 기억을 사용하는 거예요. 당연히 책도 오래전부터 그런 식의 외부 부속 기관으로 이용되어 왔고요. 따라서 인터넷도 마찬가지인데 어쩌면 다른 것들보다 더 효율적일 수 있죠.

방금 전에 거기에 대해서 다룬 연구가 있었다고 하셨는데요.

네. 그 논문은 몇 년 전에 유명한 학술지 《사이언스》에 발표됐습니다.[85] 연구자들은 첫 번째 실험에서 학생들에게 매우 어려운 질문들을 주고 네 · 아니요로 대답하게 했어요(덴마크는 코스타리카보다 큽니까?). 이런 식의 질문들을 한 뒤에 그들은 피실험자들에게 낱말 목록을 제시하면서, 낱말의 의미는 생각하지 말고 글씨의 색깔만 말하게 했어요(자료 51). 만약 제시된 낱말에 관심이 없다면 색깔을 아주 빨리 말할 겁니다. 그와 반대로, 낱말에 관심이 있다면 그것의 의미에 주의를 기울이지 않을 수 없어요. 그리고 낱말의 의미에 주의를 기울이면 글씨 색깔을 말하는 데 시간이 걸리죠! 이것은 아주 기본적인 생각 읽기 체계예요. 즉, 낱말의 글씨 색깔을 말하는 데 시간이 걸린다면 그것은 우리가 그 낱말을 생각하고 있기 때문입니다.

그런데 그것이 인터넷과 무슨 관계가 있나요?

그 낱말 목록 안에는 인터넷과 검색 엔진을 사용할 때 꼭 보게 되는 낱말들(구글, 야후)과 그런 것들과는 무관한 낱말들(나이키, 요플레)이 들어 있었습니다. 그런데 피실험자들은 어려운 질문에 대답하고 난 뒤, 구글이나 야후의 글씨 색깔을 나이키나 요플레보다 훨씬 늦게 말했어요. 다시 말해서 어려운 질문에 대답해야 하는 상황에 놓이면 우리는 자동으로 인터넷에서 정보를 찾으려고 한다는 것이죠.

교묘한 실험이네요. 굳이 실험을 하지 않아도 다들 짐작했겠지만….

그 연구에서 다른 내용은 없었나요?

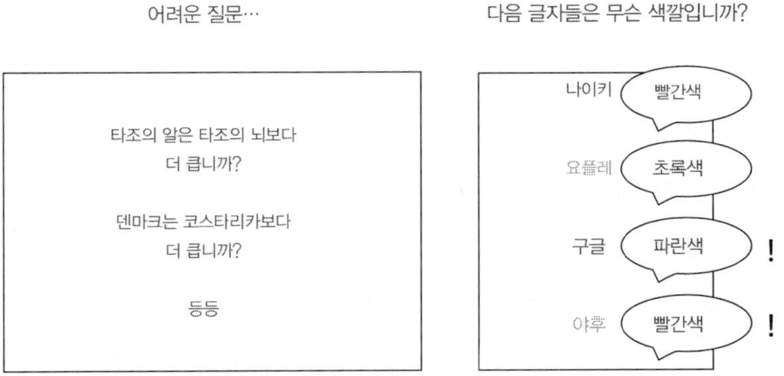

자료 51 어려운 질문을 받은 뒤에는 검색 엔진들이 사람의 주의를 끌어서 다른 질문(글자의 색깔 말하기)에 대답하는 것을 어렵게 만든다.

제가 보기에 그 다음에 한 실험들이 더 흥미롭습니다. 간단히 설명하자면, 연구자들은 피실험자들에게 매우 정확한 정보들을 주면서(이를테면, '남극의 전화 번호는 672이다', '알 카포네의 공식 직업은 골동품상이다') 컴퓨터에 그것들을 입력하게 했어요. 그리고 일부 피실험자들에게는 컴퓨터에 입력하는 내용이 모두 저장되며 나중에 그 정보를 다시 불러낼 수 있다고 했습니다. 나머지 다른 피실험자들에게는 컴퓨터에 입력하는 정보가 모두 삭제될 거라고 했어요. 그런 다음 연구자들이 피실험자들에게 질문했죠.

그들이 남극의 전화 번호를 기억하는지 보려고요?

네. 한편으로는 그들이 그 정보를 모두 기억하는지 알아보기 위해서였고, 다른 한편으로는 각각의 정보를 저장한 위치와 폴더를 정확히 기억하는지 알아보기 위해서였어요.

어떤 결과가 나왔나요?

정보가 컴퓨터에서 삭제된다고 생각했던 피실험자들은 그것들을 매우 잘 기억하고 있었습니다. 하지만 정보를 저장한 위치는 잘 기억하지 못했어요. 반면에, 정보를 계속 사용할 수 있다고 생각했던 피실험자들은 정확히 그 반대였습니다. 그들은 정보를 많이 잊어버렸지만 그것들을 찾을 수 있는 위치는 잘 기억하고 있었어요. 다시 말해서, 인터넷을 사용할 때 우리는 정보를 외우기 위해서보다 정보를 보관한 장소, 즉 정보를 다시 꺼낼 방법을 기억하기 위해서 우리의 기억력을 사용합니다.

결론은 어떻게 내리시겠습니까?

제 결론은 인터넷이 상당히 흥미로운 일을 한다는 겁니다. 인터넷은 이메일이나 SNS 등을 통해서 일종의 전 세계적인 집단 뇌를 창조하고, 그 거대한 뇌에서 우리 각자는 작은 뉴런이 되는 거예요!

6부

우리는 왜 항상 뭔가를 할까?

나를 속이는 뇌 / 뇌를 속이는 나

우리는 아침에 왜 일어날까요? 일요일마다 땀을 흘리며 마라톤을 뛰는 이유는 뭘까요? 햇살도 뜨거운데 왜 굳이 휴가를 떠나죠? 왜 아침마다 밥을 먹을까요? 어째서 상사의 잔소리를 참아가며 일을 하죠? 요컨대, 하지 않아도 되는데 왜 우리는 뭔가를 할까요? 왜냐하면 우리는 '동기 부여'가 돼 있기 때문이에요. 우리가 하는 행동 하나하나에는, 그것이 좋든 나쁘든, 동기가 있습니다. 동기는 우리의 뇌에서 형성되며 우리를 움직이도록 부추깁니다. 동기가 없다면 우리가 아무리 똑똑하고 유능해도 죽을 때까지 한 자리에서 꼼짝도 하지 않을 거예요. 이 정도로만 해도 이 주제의 중요성에 대해서는 충분히 설명이 됐으리라고 봅니다.

몇 년 전부터, 정상 분야와 병리학 분야를 막론하고, 동기의 뇌 메커니즘을 밝히려는 연구가 비약적으로 발전하고 있습니다. 당연한 얘기지만, 그 이유는 동기에 문제가 생긴 환자들이 있기 때문이죠. 우리는 우선 동기 결핍에 대한 이야기부터 시작을 하게 될 텐데, 동기가 왜곡되는 경우도 굉장히 많아요. 이를테면, 마약 중독자들은 마약에 극도로 또 배타적으로 동기 부여가 돼서 만사를 제쳐 놓고 무슨 짓을 해서라도 마약을 손에 넣고 싶어 합니다. 또 역설적이기는 한데, 동기의 핵심은 과거가 아니라 미래, 즉 아리스토텔레스가 말하는 '목적인(目的因)'에 있다는 사실도 살펴보려고 합니다. 한마디로, 우리가 뭔가를 하는 이유는 우리의 희망에 부합하는 미래를 창조하기 위해서입니다. 그래서 포만감을 충족시키기 위해서 밥을 먹고, 엔도르핀의 분출을 만끽하기 위해서 내지는 장기적으로 보자면 건강하게 장수하기 위해서 운동을 해요. 하지만 제일 먼저 살펴보게 될 것은 달콤하면서도 죄책감이 느껴지는 낱말, 게으름입니다.

32장

일은 너무 힘들어

게으름의 신경 과학

게으름의 여신은 우리에게 속삭입니다. '그걸 뭐 하러 귀찮게 해?' 게으름뱅이는 대답하죠. '옳습니다.' 이론적으로 보자면, 게으름뱅이는 행동할 수 있는 능력도 있고 뭔가를 하는 것에 대한 흥미도 없지 않지만 집에 틀어박혀서 뒹굴기를 더 좋아하는 사람이에요. 게으름뱅이들에게 없는 것은 능력과 지식이 아니라 바로 동기입니다.

의학적 상황에서는 게으름을 다루지 않는 것 같습니다. '이 환자는 게을러요.'라고 말하는 것은 아무래도 적절하지가 않아요.

맞습니다. 동기 결핍이 병리학적 상태까지 갈 경우, 그것은 게으름이 아니라 무감동이에요. 게으름은 모든 사람들에게서 나타나는 정상적 성격의 한 성향입니다. 그와 반대로, 무감동은 의학적 증상이에요.

무감동을 더 정확하게 정의해 주시겠어요?

당연한 얘기지만 정상과 비정상을 가르는 경계는 애매해요. 그래서 살페트리에르 병원의 의사들은 무감동을 하나의 목적을 위해서 계획된 자발적 행동의 감소라고 더 엄밀하게 정의했습니다.[86] 이 정의에는 두 가지 중요한 요소가 포함돼 있어요. '자발적'이란, 무감동 환자는 스스로 행동하지 않는다는 뜻이에요. 사람들이 자신을 자극해야 비로소 움직이기 시작해서 몸을 씻고 옷을 입어요. 빈둥거리는 청소년의 (비병리학적) 경우도 마찬가지인데, 부모가 치우라고 하기 전까지는 방이 아무리 어질러져도 상관하지 않죠. 두 번째 요소인 '하나의 목적을 위해 계획된' 행동이란, 하나의 목적을 향해서 한 방향으로 가는 행위들만을 진정한 행위로 간주한다는 것을 뜻합니다. '나는 무감동 환자도 아닌데 하루 종일 의자에 앉아있어. 얼마나 무료한지 몰라!'라고 말하는 분들도 계실 겁니다. 무료함이야말로 전형적인 무(無)목적적 행위예요. 무감동 환자들은 손수건을 접었다 폈다 반복하고, 계단을 오르내리고, 바닥의 타일을 세면서 시간을 보낼 수 있어요. 이것들은 하나의 목적을 향해 계획된 활동들이 아니죠.

어떤 종류의 질병이 무감동을 유발할 수 있나요?

무감동을 이렇게 정의할 경우, 매우 다양한 심리학적 · 신경학적 질병에서 무감동이 발견됩니다. 정신 분석학에서는 무감동을 우울증의 일반적인 증상으로 봐요. 우울증을 앓는 사람들은 하루 종일 자리에 누워서(침대 기호증이라고 부르는 것) 아무것도 못해요. 또한 무감동은 알츠하이머병이나 파킨슨병으로 가장 많이 알려진 수많은 퇴행성 뇌 질환과 전두엽 치매에서도 나타납니다. 전두엽 치매는 이마 안쪽, 즉 뇌의 가장 앞쪽에 위치한 영역들과 관계가 있어요(자료 52). 전두엽의 변성 가운데 일부는 무감동이 첫 증상으로 나타나며 오랫동안 이 증상만 지속되기도 합니다. 전에는 활동적이고 적극적이던 사람이 점점 게으름을 피우고 매사에 무관심하게 바뀌죠.[87]

전두엽의 변성을 말씀하셨는데요. 의학적 증상으로 간주되는 무감동에 전두엽이 특별히 중요한 모양이죠?

네, 그럴 수밖에 없어요. 전두엽(그리고 뇌의 깊은 곳에 위치하며 전두엽과

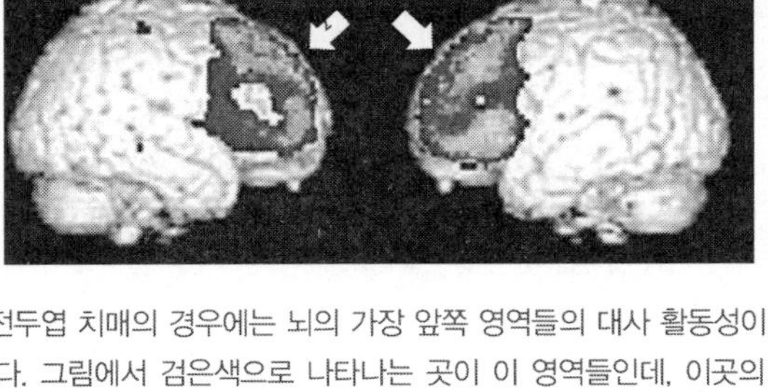

자료 52 전두엽 치매의 경우에는 뇌의 가장 앞쪽 영역들의 대사 활동성이 점진적으로 감소한다. 그림에서 검은색으로 나타나는 곳이 이 영역들인데, 이곳의 활성도를 양전자 방출 단층 촬영으로 측정해 보면 건강한 사람들보다 더 낮게 나타난다.

긴밀하게 연결돼 있는 기저핵)은 동기 유발에 매우 중요하고, 하나의 목적을 위해서 계획된 모든 자발적 행동을 실행하는 데도 꼭 필요합니다. 따라서 모든 형태의 무감동은 이 피질하-전두부 체계들의 기능에 이상이 생긴 결과예요. 이 기능 이상은 두개골 상해 내지는 뇌졸중 또는 앞에서 얘기했던 퇴행성 질병들로 인한 뇌 조직의 영구적 손상일 수도 있고, 우울증의 경우처럼 일시적으로 생긴 장애일 수도 있어요. 후자의 경우는 치료할 수 있죠.

동기 체제와 행위 체제에 대해서 좀 더 세부적으로 들어가 볼 수 있을까요?

여러분이 저녁에 집에 있는데 배가 고파요. 두 가지 선택이 여러분의 머릿속에 떠오릅니다. 부엌에 가서 감자칩을 꺼내 먹을까, 장을 봐서 스테이크와 샐러드를 만들어 먹을까. 동기가 부여된 어떤 행동을 실제로 하기 위해서는 여러 정신적 단계가 필요합니다. 첫 번째로는, 이 다양한 가능성들을 머릿속으로 떠올릴 수 있어야 합니다. 두 번째로는, 이 두 가지 선택의 잠재적 장단점들을 생각해야 합니다. 감자칩은 노력이 훨씬 덜 든다는 장점이 있지만 스테이크보다 미각적 쾌감이 덜 하다는 단점이 있죠. 세 번째로는, 미래의 이 장단점들을 고려한 뒤에 이득과 손실을 따져서 둘 중 하나를 선택해야 합니다. 식욕이 있는지, 돈은 충분한지, 어느 정도로 피곤하고 배가 고픈지 등등. 네 번째로는, 실제로 움직여야죠. 노력을 들여서 행동으로 옮겨야 합니다. 다섯 번째로는, 스테이크에 대한 동기가 선택됐다면 실제로 이것을 맛있게 먹기 위해서는 요리 순서를 다 알아야 하고 실수 없이 실행할 수 있어야 합니다. 이 모든 단계가 제대로 이루어지기 위해서는 전두엽 영역들과 거기에 연결된 기저핵들 안에 자리 잡은 여러 회로의 도움이 필요해요.

따라서 이 모든 의사 결정 단계는 전두엽 영역들과 거기에 연결된 기저핵들에 토대를 두고 있군요?

상당 부분 그렇습니다. 그리고 바로 이 의사 결정의 원리를 연구하는 학문인 신경 경제학은 시나리오의 착상에서부터 시작해 각 시나리오에서 파생되는 쾌감·불쾌감에 대한 평가 그리고 결정에 이르기까지의 모든 단계가 서로 긴밀하게 연결된 여러 전두엽 영역에 기초하고 있다는 것을 입증하기 위해서 이 체계를 분석하고 있습니다.

앞에서 예로 들었던 저녁 식사의 상황에서 무감동 환자들은 어떻게 행동하나요?

의사 결정 체계가 정확히 어떻게 손상됐는지에 따라 다릅니다. 우선, 우울증의 예를 들어보죠.[88] 우울증은 감정 둔화, 쾌감의 감소(무쾌감증이라고 불리는 것), 세상의 부정적인 면에 초점을 맞춰서 만사를 절망적으로 보는 경향을 동반합니다. 따라서 우울증에 걸린 사람은 여러 가지 이유에서 스테이크보다 감자칩을 선택할 거예요. 더 정확히 말하자면, 스테이크를 준비하는 데 필요한 동기가 없는 것이죠. 이 모든 정동(情動)이 둔화돼서 뭘 먹을지에 대한 관심 자체가 적을 겁니다. 감자칩을 먹든 다른 것을 먹든 중요할 게 없어요. 게다가 무쾌감증 때문에 스테이크를 상상할 때도 그것을 먹는 데서 느낄 쾌감을 과소평가합니다. 끝으로, 이 사람은 염세적이어서 계획상 난관을 과대평가할 거예요(가게가 닫았을지도 몰라, 비가 올 거야, 물건값이 비쌀 거야). 우리가 하는 행위의 결과가 좋은지 나쁜지를 평가해서 둘 중 하나를 결정하는 이 과정에는 특히 전두엽의 아랫면, 다시 말해서 눈구멍과 코뿌리의 바로 위쪽에 위치하고 있는 영역들이 관여하고 있습니다. 이 분석에 근거해 동기를 조절하는 뇌 체계에 전극을 심어서 중증 우울증 환자들을 치료한 사례도 있어요.[89]

앞서 언급하셨던 전두엽 치매도 동일하게 설명할 수 있나요?

전반적으로 침울하거나 우울하지는 않고 무관심하기만 한 전두엽 치매 환자들의 경우에도 동일한 영역들이 퇴행성 질병에 의해서 손상되는데 부분적으로 이것이 무감동을 유발합니다. 하지만 이 환자들의 경우에는 추가로 또 하나의 체제가 문제가 돼요. 스테이크를 굽겠다는 계획을 실행하기 위해서는 머릿속에서 아주 복잡하고 세부적인 활동 계획을 세울 수 있어야 합니다. 이 세부 계획 속에는 여러 중간 단계, 정확한 순서, 동시다발적으로 이루어져야 하는 재료

준비, 요리 속도의 조절 등등이 포함됩니다. 활동 계획을 짜고 실행에 옮기는 능력은 전두엽의 기능들 가운데 하나인 집행 기능의 관할이에요. 집행 기능이라는 명칭은 회사의 간부들을 가리키는 영어 executive에서 가져왔습니다. 원칙적으로 회사의 간부는 계획을 세우고 결정을 내리며 순서에 맞춰서 일을 실행하는 사람들이죠. 이 상황에서 특히 중요한 영역은 전두엽의 측면입니다. 제가 강조하고 싶은 것은, 우울증에 걸린 환자는 스테이크 요리법을 여러분한테 분명하게 설명해 줄 수 있는 단계까지는 간다는 점이에요. 그 사람이 스테이크를 요리하지 않는다면 그것은 동기가 없어서지 능력이 없어서는 아닙니다. 그와 반대로, 전두엽 치매를 앓는 환자들은 동기도 없지만 창조적이고 조직적인 사고를 전개시킬 능력도 없는 것으로 밝혀졌어요. 만약 여러분이 그런 환자에게 빨간 망토 이야기를 해달라고 한다거나 멕시코 여행 일정을 짜 보라고 하면 그들은 여러분에게 단편적인 얘기만 두서없이 늘어놓을 가능성이 높습니다. 한마디로, 동기 결핍 외에 지적 무력증도 무감동을 초래할 수 있어요. 사실상 어떤 목적을 품고 그것을 성취하기 위한 방법들을 생각해 낼 수 없는데 어떻게 그 목적을 향해서 계획된 행동들을 할 수 있겠어요?

그 밖에 또 다른 모습의 무감동은 없나요?

아마도 무감동의 극단적 형태는 종종 '정신적 자가 활성화 상실' 내지는 PAP 증후군으로 불리는 것일 겁니다.[90] 이것은 아주 드문데 일반적으로 동기 체계에 관여하는 피질 아래의 기저핵이 손상됐을 때, 예를 들자면, 심장 마비의 후유증으로 나타납니다. 이 환자들은 주도성을 완전히 상실해서 하루 종일 의자에 앉아있을 수도 있어요. 아무것도 하지 않고 불평이나 요구도 없이 말이죠. 어떤 환자는 불 꺼진 담배를 입에 문 채로 30분을 침대에 앉아있었어요. 왜 그러고 있느냐고 누가 물으니까 성냥을 기다리고 있다고 그 사람은 대답했죠. 또 한 환자는 잔디 깎기 기계를 앞에 놓고 45분 동안 가만히 서 있기도 했어요. 여기서 중요한 사실은, 누군가가 그에게 잔디를 깎으라고 하자 그 사람이 시동을 걸고 잔디를 깎았다는 겁니다. 이 무기력증은 눈에 보이는 행동뿐만 아니라 사고에까지 침범해서, 무슨 생각을 하고 있느냐고 그들에게 물어보면 그들은 고통도 없고 슬픔도 없는 일종의 '멍한 상태'에 놓여 있다는 것을 알 수 있어요. 그런 환자들은 사고와 행동의 가동 체계를 자율적으로는 발동시킬 수 없는 것으로 보입니다. 그래서 스테이크를 준비할지 아니면 감자칩 봉지를 가지러 갈지에 대해 생각한다거나 그로부터 얻을 수 있는 쾌감을 떠올리는 것을 자율적으로 할 수 없어요. 하지만 누군가가 그들에게 이걸 하라거나 저걸 하라고 하면서 가동 체계에 발동을 걸어주면 그것들을 할 수는 있습니다. 요약하자면, 자율적 동기가 완전히 기능을 상실한 것이죠(자료 53).

환자들에 대한 얘기는 이 정도로 하고, 건강한 사람들의 기능에 관해서 살펴봤으면 합니다. 우리의 출발점은 게으름, 다시 말해서 우리 모

두가 가진 약간의 무감동 증상이었어요. 게으름도 우울증과 정신적 자가 활성화 상실에 관여하고 있는 전두엽 체계가 좌우하는 건가요?

마수드 후세인이 이끄는 영국의 연구팀이 2016년에 발표한 연구가 있는데, 병리적 무감동에 관여하는 전두엽 체계가 '정상적' 게으름에도 관여하는지를 규명하고자 한 연구였습니다.[91] 그들은 건강한 피실험자들에게 질문지를 작성하게 해서 그것을 바탕으로 무감동을 측정했어요. '당신은 어떤 일을 하기 위해서 다른 사람의 압력이 필요합니까?', '당신은 하루를 어떤 식으로 보냅니까?' 등등. 또 연구자들은 그들의 동기 체계가 어떻게 작동하는지 관찰하기 위해서 그들을 MRI 기계에 넣고 그 안에서 과제를 수행하게 했습니다. 예를 들

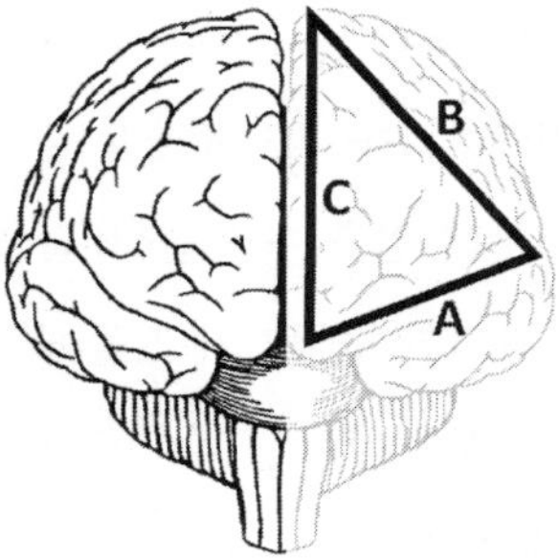

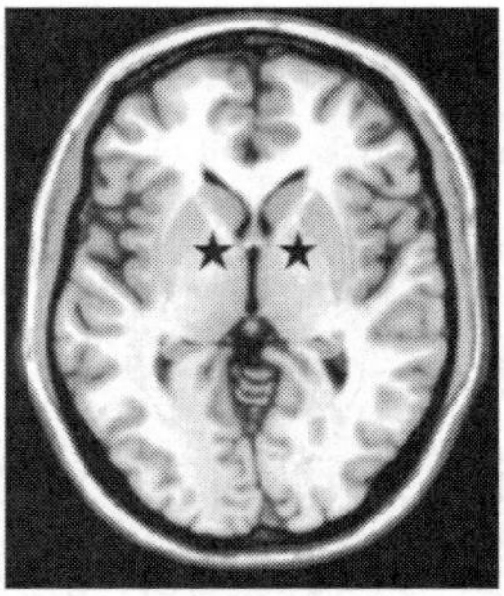

자료 53 왼쪽 그림은 뇌를 정면에서 바라본 것으로서, 대략적으로 보자면 전두엽은 동기와 연관된 부분(A), 집행 기능과 연관된 부분(B), 행동의 착수와 연관된 부분(C)으로 이루어진 삼각형 형태를 취하고 있다. 이 세 부분에 기능 이상이 생기면 무감동이 유발될 가능성이 있다. 오른쪽 그림은 뇌를 수평으로 절단한 모습인데, 두 개의 별표가 가리키는 곳은 전두엽 피질과 연결된 기저핵의 한 부위이다. 이곳이 손상되면 정신적 자가 활성화가 상실될 가능성이 있다.

자면, 그들에게 '2만 원을 벌고 싶다면 당신이 최대한 낼 수 있는 힘의 80%를 써서 이 지렛대를 누르세요.' 같은 지시를 내렸죠. 각각의 지시에 대해서 피실험자들은 제안을 수락할 수도 있었고 거절할 수도 있었는데 만약 수락했다면 지렛대를 눌러야 했어요. 사실 그들의 상황은 감자칩 대 스테이크의 상황과 비슷했어요. 예상되는 보상과 거기에 들여야 하는 노력에 대해서 이득과 손실을 따져본 뒤에 행동할지 말지를 결정해야 했으니까요.

게으른 사람들에게서는 어떤 일이 일어나죠?

결과는 상당히 복잡한데 두 가지만 보겠습니다. 우선, 충분히 예상되는 일이지만, 질문지 상에서 가장 게으른 것으로 평가됐던 피실험자들은 강도 높은 노력이 예상되는 일은 꺼립니다. 그리고 뇌 차원에서 봤을 때, 가장 게으른 피실험자들은 신기하게도 미래의 노력을 예측하는 영역들이 더 강하게 활성화됐어요. 다시 말해서, 미래의 노력에 대한 예상은 활동적인 피실험자들보다 게으른 피실험자들의 뇌를 더 강하게 활성화시킵니다. 이것은 두 가지로 해석될 수 있어요. 게으른 사람들은 뇌의 능력을 더 많이 끌어올려야 비로소 일정 노력을 제공할 수 있기 때문에 활성화가 강하게 일어나는 것으로 생각할 수 있죠. 하지만 일정 노력에 대해서 게으른 사람들은 의욕적인 사람들보다 그것을 더 거대하게 상상하는 것일 수도 (그 때문에 활성화가 더 강하게 일어나는 것일 수도) 있어요.

종합해 보자면, 모두 건강한 사람들이라는 전제로 게으른 사람과 의욕적인 사람 사이에는 의사 결정과 관련된 전두엽 체계의 기능에 미세한 차이가 있다고 말할 수 있겠네요. 그리고 의학적 증상인 무감동은 이 전두엽 체계가 기능을 상실했음을 보여주는 것이고요.

정확합니다! 그럼 이제 다음 장으로 넘어가도록 하죠.

33장

미래의 기억

해마의 시간 여행

두 행위 중에서 선택을 해야 할 때 (감자칩을 먹을까, 맛있게 요리를 해 먹을까) 우리는 각 선택에 따르는 쾌감과 난관을 상상으로 예측해 보고 결정을 내린다는 것을 앞에서 살펴봤습니다. 지금부터는 의사 결정에서 상상력이 하는 역할을 좀 더 본격적으로 들여다볼까 합니다. 뇌과학의 최신 동향을 알아보기 전에 오래된 속담부터 하나 살펴보기로 하죠. '내일 천 냥은 오늘 한 푼만 못하다.'라는 속담입니다.

민간에서 전승되어 온 그 지혜를 여기서 다뤄야 될 이유가 있나요?

이 속담은 아주 흔하면서도 중요한 유형의 선택과 관련이 있어요. 그것은 즉각적 만족(신경 경제학자들이 보상이라고 부르는 것)을 주는 행위와 보상이 나중에 주어지는 행위 사이의 선택입니다. 만약 여러분이 지금 당장 천 원을 받는 것과 한 달 뒤에 천 원을 받는 것 중에서 선택해야 한다면 틀림없이 여러분은 지금 당장 천 원을 받는 쪽을 선호할 겁니다. 보상이 막연한 미래에 주어진다면 흥미와 가치가 떨어지니까요. 물론 시간이 지연된 만큼 보상을 증가시켜서 시간의 침식 작용을 상쇄할 수는 있습니다. 당장 천 원을 받는 것보다 한 달 뒤에 10만 원을 받는 것을 틀림없이 선호할 테니까요.

> 당연하죠. 하지만 현실에서는 선택이 그렇게 간단히 돈으로 환산되지는 않아요. 만약 지금 당장 10만 원을 받는 것과 일주일 뒤에 달빛이 비치는 테라스에서 촛불을 켜놓고 저녁 식사를 하는 것 사이에서 선택해야 한다면 그것은 단지 금전적 가치로 따질 수 있는 문제가 아니죠!

맞습니다. 우리는 직관적으로 '촛불이 빛나는 식탁에서의 저녁 식사'라는 선택에 가치를 부여해요. 왜냐하면 '우리는 그곳에 가 있으니까'요. 머릿속에서 다음 주로 날아가서 향기로운 산들바람을 맞으며 낭만적인 저녁 식사를 즐기는 거죠. 그래서 우리는 그것을 선택해요. 다시 말해서 시간상 지연된 보상을 선택하도록 우리에게 동기를 부여하는 것은, 우리가 그 보상을 향해서 상상으로 시간 여행을 한다는 사실입니다. 제가 지금까지 한 말은, 정확히 이 능력을 규명하고 있는 연구를 소개하기 위해서였어요.[92] 상상으로 미래를 여행할 수 있는 능력 말이죠. 우리가 하는 많은 선택은 바로 이 능력에서 비롯됩니다.

어떤 연구인데요?

연구자들은 미래의 보상과 즉각적 보상 사이의 선호도를 객관적으로 측정하는 방식을 개발해 냈어요. 우선, 실험 참여자들에게 '지금 앞에 보이는 과자 한 봉지를 먹겠습니까, 아니면 한 달 뒤에 유람선 위에서 저녁 식사를 하시겠습니까?' 식의 선택을 다수 하게 했습니다. 그런 다음에 각각의 선택에 대해서 미래에 펼쳐질 장면을 가능한 한 구체적으로 자세히 상상해 보도록 했어요. 예를 들자면, 유람선 위에서 하는 저녁 식사 장면을 상상하는 것이죠.

그렇게 해서 연구자들이 밝혀낸 것은 뭐죠?

첫 번째로 시간 여행, 즉 미래를 상상하는 능력은 우리의 선택에서 대단히 중요하다는 사실을 확인했습니다. 실제로 피실험자들이 가장 세밀하게 구상했던 미래의 시나리오가 또한 가장 많이 선호된 시나리오였어요. 게다가 가장 세세한 부분까지 생각해 낼 수 있었고 따라서 상상력이 가장 풍부했던 참여자들이 미래의 선택을 더 선호하는 경향이 있었어요. 이 결과는 선택을 하는 데 있어서 상상력이 하는 역할을 확인해 주는 것이죠.

그렇다면 머릿속으로 미래를 그릴 수 있게 도와주는 뇌체계는 어떤 것들인가요?

이 연구는 해마에 초점을 맞췄어요(앞의 자료 49를 볼 것). 해마는 특히 기억에서 중요한 역할을 하는 것으로 알려져 있죠. 우리가 과거의 일들을 기억할 수 있는 것은 해마 덕분인데, 이를테면 알츠하이머병에서처럼 그 기능이 상실되면 환자들은 자신이 전날 혹은 바로 몇 분 전에 뭘했는지조차도 기억해 낼 수 없습니다. 그런데 실제로는 해마가 모든 시간 여행에서 이용되는 것처럼 보여요. 과거(우리가 기억이라고 부르는 것)로의 여행뿐만 아니라 미래로의 여행에도 말이죠. 사실 여러분이 어젯밤을 상상으로 재구성해서 그 속으로 자신을 투사하는 것과, 내일 밤을 상상하면서 그 속으로 자신을 투사하는 것 사이에는 차이가 거의 없습니다.

만약 제가 지금 당장 과자 한 봉지를 먹는 것보다 한 달 뒤에 촛불이 빛나는 식탁에서 저녁 식사를 하는 쪽을 선호한다면 그 이유는, 해마가 저를 미래로 투사시켜서 미래의 저녁 식사를 상상하고 그 상황이 주는 쾌감을 느끼게 해서 그것을 선택하도록 이끌었다는 뜻인가요?

정확히 이해하셨어요. 한편, 그 연구자들은 피실험자들을 MRI 기계 안에 넣고 동일한 선택을 하게 했어요. 그랬더니 피실험자들이 즉석에서 먹을 수 있는 과자 봉지를 볼 때보다 달빛 아래서 먹는 미래의 저녁 식사를 상상할 때 해마가 더 강하게 활성화되는 것으로 드러났습니다. 더 나아가서, 미래를 선택하는 경향이 더 강한 참여자들이 해마도 더 많이 활성화되는 사람들인 것으로 밝혀졌습니다. 이것이 시사하는 바는, 여기에 인과관계가 존재한다는 점이에요. 해마가 더 활성적일 경우 그 피실험자는 미래로 자신을 더 강하게 투사하고 따라서 시간상 거리에도 불구하고 미래에 있을 보상에 더 많은 가치를 부여할 거라는 것이죠(자료 54).

왜 어떤 사람들은 다른 사람들보다 해마가 더 활성화될까요?

앞서의 그 연구는 내용이 아주 충실했습니다. 연구자들은 한 걸음 더 나아가서, MRI를 사용해 각 피실험자들의 해마 크기를 측정했어요.

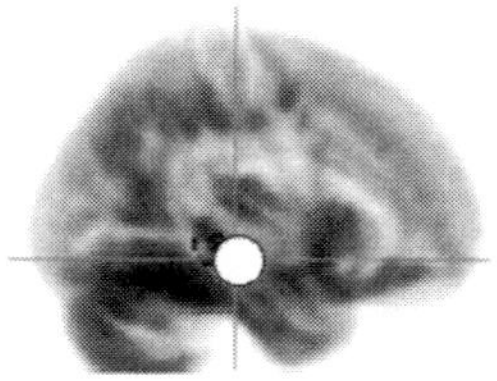

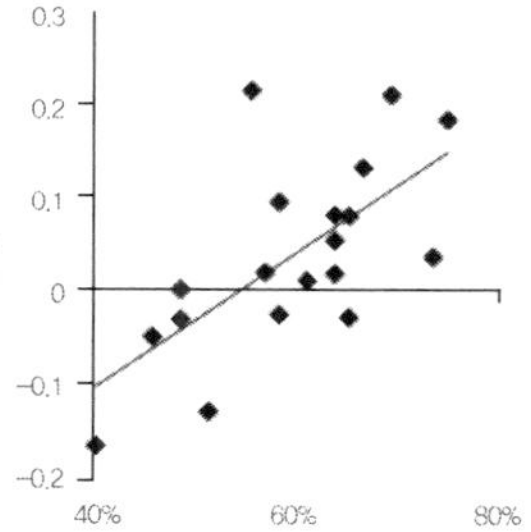

자료 54 미래의 보상을 평가하기 위해서는 상상을 통해서 미래로 우리 자신을 투사해야 하는데, 투사가 일어날 때 해마도 함께 활성화된다(왼쪽 그림). 오른쪽 그래프를 보면, 피실험자들 가운데 해마가 많이 활성화되는 사람들은 미래의 보상이 연기된다고 해도 거기에 큰 가치를 부여하는 사람들이라는 사실을 알 수 있다(점 하나는 참여자 한 명을 나타낸다). © Lebreton et al., 2013.

그 결과 미래를 더 선호하고 해마가 더 활성화되는 피실험자들이 해마 크기도 더 크다는 사실을 밝혀냈습니다. 좀 유연하게 해석하자면, 자연이 여러분에게 큰 해마를 선사했을 때 여러분은 미래를 상상하고 그 속으로 자신을 투사할 수 있는 능력이 좋다고 볼 수 있어요. 그래서 미래의 쾌감에 가치를 부여하고 즉각적인 쾌감보다 그것을 더 선호할 가능성이 높아요.

이성적인 사유를 할 수 없다면, 말하자면 알츠하이머병을 앓아서 해마가 망가진 환자라면, 미래의 보상보다 즉각적인 보상을 선호하는 경향이 있겠네요?

그렇습니다. 동일한 논문에서 그것도 검사했습니다. 연구자들은 해마에 손상을 주는 알츠하이머병을 앓고 있는 환자들에게 앞에서 언급했던 그 선택들을 똑같이 해보게 했어요. 그리고 이들과 대조를 하기 위해, 다른 뇌 영역들을 손상시키는 퇴행성 뇌질환을 앓고 있는 환자들도 검사했습니다. 이 경우에는 전두엽을 건드리는 뇌질환이었어요. 예상했던 대로 알츠하이머병을 앓는 환자들은 미래의 일(한 달 뒤의 저녁 식사)을 선택하는 경우가 극히 드물고 즉각적인 보상(감자칩)을 선호합니다. 전두엽이 손상되고 해마는 다치지 않은 환자들의 경우에는 그렇지 않아요.

전반적으로 논증이 잘 된 실험이었네요! 간단히 요약해 주시겠어요?

눈앞에 보이는 감자칩 봉지보다 미래에 있을 만족을 선호하기 위해서는 미래를 상상하고 그 속으로 자신을 투사할 수 있어야 합니다. 이 시간 여행을 하기 위해서는 (기억을 통해 과거로 여행할 때와 마찬가지로) 해마가 중요한 역할을 해요. 해마가 튼튼한 사람은 미래에 대한 풍부한 상상력을 지니며 미래에 주어질 보상에 많은 가치를 부여합니다. 그래서 즉각적인 쾌감에 함부로 달려들지 않아요.

즉각적인 쾌감에 달려드는 것을 일컬어서 충동적이라고 하지 않나요?

맞습니다. 병리적 수준의 충동성은 즉각적인 보상을 과도하게 추구해요. 밝혀진 바에 따르면, 담배나 술처럼 중독성이 강한 물질과, 더 심하게는, 불법 약물에 의존하는 사람들은 미래에 얻을 쾌감을 과소평가하고 즉각적인 쾌감을 과대평가합니다.[93] 이 모든 중독의 경우에 중독자는 당장의 쾌감이 필요하기 때문에 보상이 미래로 멀어지는 순간 그것의 가치도 사라져 버려요. 이것은 아주 정확하게 정량화할 수 있습니다. 맨 앞에서 언급했던 예로 돌아가 보자면, 여러분은 지금 당장 천 원을 받기보다 한 달 뒤에 5만 원을 받는 편을 선호할 거예요(하지만 한 달 뒤에 만 원을 받는다고 하면 그렇지 않을지도 모르죠). 마약 중독자라면 지금 당장 천 원을 받고 싶어 할 겁니다. 5만 원이 미래로 멀어지면서 그것의 가치도 순식간에 사라져 버리기 때문이에요.

그와 반대로 미래가 과소평가되지 않고 오히려 과대평가되는 상황도 있을까요?

우리가 죽으면 아름다운 천국으로 갈 거라는 절대적 신앙은 가상적 미래에 엄청난 가치를 부여하고 있다고 볼 수 있겠죠. 이것은 미래의 전망에 가치를 부여하는 우리의 능력이 극단적으로 발휘된 경우입니다. 아마도 이러한 신앙은 빛나는 미래에 비해서 현세를 과소평가하여 현세의 고통을 견딜 수 있게 도와줄 거예요. 누군가는 이것을 민중의 아편이라고 부르기도 했습니다만….

34장

장밋빛 인생

뉴런의 낙관주의

앞에서는 우리가 미래를 상상하는 방식이 현재의 선택을 이끈다는 것을 살펴봤습니다. 일반적으로 봤을 때 우리는 미래를 밝게 보나요, 어둡게 보나요? 우리는 낙관적인 동물인가요, 비관적인 동물인가요?

우리는 현실을 실제보다 더 장밋빛으로 바라보는 비교적 낙관적인 경향이 있습니다. 그 때문에 사람들은 당첨 확률이 극히 낮은데도 복권을 사고, 그 때문에 재정 자문가들은 다음 날 주식이 치솟을 거라고 예고하며, 그 때문에 흡연자들은 자기가 심근 경색과 암을 요령껏 피해 갈 수 있을 거라고 생각하는 것이죠. 이 경향을 더 객관적으로 살펴보기 위해서 연구자들은 피실험자들에게 자신들이 암을 포함해서 다양한 질병을 앓을 확률이 평균보다 높을지 낮을지 물어봤어요.[94] 현실을 있는 그대로 보자면 당연히 그들 중 절반은 병에 걸릴 확률이 평균보다 높고 절반은 평균보다 낮죠. 그런데 자신이 병에 걸릴 확률이 평균보다 낮을 거라고 생각하는 사람들이 절반을 훨씬 넘습니다. 이 결과는 낙관주의적 관점을 잘 보여주죠.

낙관주의는 어쩌면 무지의 결과일 수도 있어요. 사람들은 대부분 담배의 위험성에 대한 정확한 수치나 복권의 실제 당첨 확률을 잘 몰라요. 한마디로 말해서, 우리가 세상사에 대해서 더 많이 알게 되면 틀림없이 덜 낙관적이 되지 않을까 싶습니다.

물론 그럴 수 있어요. 하지만 실제로는 우리의 낙관주의는 사실에 대해서 강하게 저항합니다. 우리는 '좋은 소식 나쁜 소식 효과'라고 부르는 심리학적 현상에 종속돼 있어요. 다시 말해서 우리는 나쁜 소식보다 좋은 소식에 더 비중을 둬요.

예를 하나 들어주시겠어요?

레이 돌런이 이끄는 런던의 연구팀이 했던 실험을 소개해 드릴게요.[95] 이 실험은 세 단계로 진행됩니다. 첫 번째 단계에서, 여러분은 다수의 위험성(알츠하이머병이나 암의 발병, 도둑의 침입, 교통사고…)을 평가합니다. 각 항목에 여러분이 해당될 확률을 추정하는 것이죠. 예를 들자면, '저는 암에 걸릴 확률이 30%라고 생각합니다.'라는 식으로 말이에요. 두 번째 단계에서, 여러분은 위험성에 대한 실제 수치를 받습니다. 예를 들자면, '당신이 암에 걸리는 위험은 50%입니다.' 내지는 '10%입니다.'라고요. 세 번째 단계에서, 여러분은 일정 시간이 지난 뒤에 첫 번째 검사 때 평가했던 위험성을 다시 한 번 평가합니다.

두 검사 사이에 현실에 대한 정보, 즉 위험성에 대한 실제 수치를 받았네요.

실제 수치들을 정확하게 기억하지 못하는 경우에도 여러분의 두 번째 추정치는 첫 번째 추정치보다 대체로 현실에 더 가까워질 거예요. 예를 들자면, 처음에 암에 걸릴 확률을 30%로 추정했고 실제 수치는 50%라면 아마도 두 번째 추정치는 35%가 될 가능성이 높습니다. 다시 말해서 첫 번째 것보다 현실에 더 가까워져요.

우리는 현실에 맞춰서 예측을 수정하는군요. 따라서 우리의 행복한 낙관주의는 사실 앞에서 스러지네요.

딱히 그렇지는 않아요. 사실상 우리는 예측을 수정할 때 나쁜 소식보다 좋은 소식에 더 강하게 영향을 받습니다. 같은 예를 가지고 설명해 볼게요. 처음에 여러분은 암에 걸릴 확률이 30%라고 생각했어요. 그런데 실제 수치는 50%로 나왔네요. 이럴 수가! 현실은 여러분이 생각했던 것보다 훨씬 나빠요! 그래서 여러분은 추정치를 수정하는데, 많이 수정하지는 않아요. 30%에서 35%, 겨우 5%만 비관적인 쪽으로 갔을 뿐이니까요. 이제 여러분이 아주 좋은 소식을 받았다고 가정해 보죠. 실제로 암에 걸릴 확률이 여러분이 생각했던 30%가 아니라 10%밖에 되지 않는 걸로 나왔어요. 와우! 여러분은 다시 한 번 예측을 현실에 가깝게 수정합니다. 하지만 낙관적인 수정이기 때문에 위험성에 대한 여러분의 추정치는 30%에서 20%로 바뀔 거예요. 나쁜 소식은 위험성에 대한 여러분의 예상을 비관적인 방향으로 5% 수정하게 만들었고, 좋은 소식은 낙관적인 방향으로 10% 수정하게 만들었죠.

우리의 기본적인 낙관주의가 현실에 저항한다는 것은 그런 식으로 설명이 되는군요. 낙관주의와 관련된 뇌 메커니즘은 밝혀졌나요?

이처럼 좋은 소식이 끼치는 영향과 나쁜 소식이 끼치는 영향의 차이를 만들어 내는 원인을 연구자들이 조사해 봤어요. 앞서의 위험성에 대한 추정과 수정 실험은 기능적 MRI 안에서 수행됐는데, 간단히 얘기하자면, 좋은 소식에 대해 좌측 전두엽 영역들이 활성화되는 것으로 확인됐습니다. 만약 제가 병에 걸릴 위험성이 50%라고 믿었는데 실제로는 겨우 5%라면, 그것은 희소식이고 그 결과로 좌측 전두엽이 강하게 활성화된다는 얘기예요.

잘 알겠습니다만, 좌측 전두엽이 활성화된다는 사실만으로는 이 영역이 나쁜 소식에 대한 우리의 완강한 저항에 관여한다는 것을 입증할 수 없어요.

맞습니다. 활성화되는 어떤 영역이 현재 작업을 실행하는 데 실제로 필요하다는 것을 증명하려면 뇌 단층 사진만으로는 부족해요. 그래서 앞서의 연구자들은 좌측 전두엽 영역의 활동을 일시적으로 정지시키는 경두개 자기 자극법(TMS)을 사용했습니다.[96] 그리고 동일한 위험성 평가 검사를 다시 했어요. 앞서와 마찬가지로 사람들은 위기에 대한 실제 수치를 알게 되자 거기에 영향을 받았는데, 새로운 사실은 이제 좋은 소식뿐만 아니라 나쁜 소식에 대해서도 확실하게 영향을 받았다는 점이에요. 말하자면, 비록 비관주의로 흐를지라도 현실에 더 민감해진 것이죠.

한 보 양보해서, 우리가 낙관주의를 타고났다면 역경 속에서 낙관적인 것이 인간에게 조금이라도 유리한 점이 있을까요?

사실, 낙관주의는 쓰라린 환멸로 이어지기 때문에 오히려 단점이라고 생각할 수도 있어요. 시험에 붙을 거라고 기대했는데 떨어지면 실망과 고통과 슬픔이 그만큼 강할 거라고 우리는 생각하죠. 하지만 실제로는 그렇지 않아요. 심리학자들이 밝혀낸 바에 따르면, 시험에 실패했을 때 시험 결과를 비관적으로 예상했던 사람들이나 낙관적으로 예상했던 사람들이나 기분은 비슷해서, 전자가 후자보다 덜 슬퍼하지도 더 담담하지도 않았어요.[97] 비관주의는 실망한 사람들을 보호해주지 않습니다. 요컨대 어려운 상황에 놓였을 때 포기하고 주저앉아서 아무것도 하지 않는 것이야말로 최악이죠. 그 상황에서 벗어나기 위해서는 능동적이어야 하고 동기를 가져야 해요. 그리고 동기의 원천은 (정확히 말해서) 더 나은 미래에 대한 희망입니다. 처칠이 다음과 같은 현명한 말을 했어요. '저로 말하자면, 낙관주의자입니다. 이것이야말로 유일하게 쓸모 있는 태도인 것 같습니다.'

35장
금융인의 두 얼굴

> 우리의 행동은 우리가 기대하는 미래에 영향을 받는 것 같습니다. 그리고 그 미래는 다소간 낙관적으로 윤색돼 있어요. 그런데 우리의 선택도 이상화된 자아상에 영향을 받는 것 같습니다. 선생님이 만약 모범적인 가장을 꿈꾼다면, 별로 멋은 없어도 아이들을 편안하게 태울 수 있는 큰 차를 살 겁니다. 하지만 매력적인 바람둥이를 상상한다면, 아이들이 겨우 비집고 들어갈 빨간 컨버터블을 탐낼 거예요.

그렇죠. 자아상에 대한 그 질문은 금융 기관을 예로 들어서 간접적인 방식으로 다뤄 보도록 하겠습니다. 우리가 보게 될 것은, 금융인들의 자아상이 종종 그들에게 문제 행동을 하도록 부추긴다는 사실이에요. 우리는 다들 금융 기관에 볼 일이 많아요. 우리 일상에서 금융 기관의 역할은 굉장히 중요하죠. 임금이나 신용 카드는 모두 금융 기관을 통해야 하고 투자와 부동산 융자는 말할 것도 없어요. 하지만 금융 기관에 대한 세간의 평판은 최악인데 그것은 분명 최근 몇 년 사이에 세상을 떠들썩하게 만들었던 많은 사건들 때문일 겁니다. 글로벌 투자 은행인 J.P. 모건에서부터 소시에테 제네랄과 크레딧 리오네 같은 은행들에 이르기까지 열거하자면 끝도 없어요. 좌우지간 그것들은 법의 테두리 안에서 교묘하게 이윤을 추구하려고 금융 기관 쪽에서 벌였던 횡령 사건들이죠.

정직함에 대해서 약간의 융통성을 발휘하면서 어떻게 해서든 이윤을 내려는 금융계 문화에서는 그런 일 정도는 '보통'이라는 뜻일까요?

취리히의 유명한 신경 경제학자들이 바로 그 문제에 관해서 주목할 만한 논문을 《네이처》지에 발표했어요.[98] 그들은 부정직함이 실제로 금융계 문화의 일부인지에 대해서 의문을 가졌죠. 혹시라도 금융 기관에 종사하는 분들이 불쾌하게 느끼실 수도 있어서 하는 말인데, 금융인 개개인의 정직성은 다른 사람들과 똑같다는 것을 이제부터 보게 될 겁니다.

그 연구자들은 금융인과 다른 직업인의 정직성을 비교했나요?

아니요. 그렇게 간단하지는 않아요. 설사 그렇게 해서 금융인과 비금융인 사이의 차이점을 찾았다고 해도 그들이 '금융인'이기 때문에 부정직하다는 결론은 내릴 수 없어요. 역으로, 그들이 원래 부정직했기 때문에 금융업을 선택했을 가능성도 없지 않으니까요. 또는 금융인과 비금융인 사이의 수많은 다른 차이점들 때문일 수도 있어요. 출신 배경, 성격적 특징, 재산 등등.

금융인과 비금융인을 비교하는 것이 적절한 해법이 아니라면 연구자들은 그 문제를 어떻게 해결했나요?

매우 기발한 방법을 썼어요. 그들은 금융인들만 검사했는데, '금융인처럼' 처신하거나 그렇게 처신하지 않도록 그들을 유도했죠. 무슨 얘기인지 지금부터 설명해 드릴게요. 이것은 정체성의 경제학이라고 하는 것입니다. 2001년에 노벨 경제학상을 받은 조지 애커로프가 주도적으로 발전시킨 개념이죠.[99] 우리의 선택은 금전적 이득에 의해서도 조종되지만 우리의 정체성에 의해서도 조종된다는 것이 이 개념의 요지입니다. 예를 들자면, 여자들이 20세기 초에 담배를 거의 피우지 않았던 이유는 흡연이 이상적인 여성상에 일치하지 않았기 때문입니다. 20세기에는 남자들처럼 담배를 피우는 자유로운 여성상이 그 여성상을 밀어냈고, 실제로 여자들은 남자들만큼 담배를 자주 피우게 됐어요. 또 하나의 예는 학교에 지금도 여전히 남아있는 고정 관념입니다. 이 고정 관념에 따르면, 수학을 잘하는 것은 여성적이지 않아요. 이 여성상 때문에 여학생들은 과학 과목을 중시하지 않아요. 저는 성적 정체성과 관련된 예들을 들었습니다만 그 밖에도 우리의 선택에 영향을 주는 이상적 정체성들이 많이 있습니다. 흑인과 백인, 젊은이와 노인, 파리 사람과 프랑스 남부 사람, 지식인과 그렇지 않은 사람 등등 열거하자면 끝이 없어요.

결국 우리는 이 정체성들을 전형으로 정해놓고 이것들이 이끄는 대로 행동하는 것이군요. 직업도 우리의 정체성에 중요한 요소가 아닐까요?

그렇죠. 제가 하려는 말이 바로 그겁니다. 앞에서 얘기했던 연구자들은 금융인들의 정직성을 규명하기 위해서 금융인을 비금융인과 비교하지 않고 금융인들끼리 비교했습니다. 따라서 그 피실험자들은 완벽하게 비교 가능한 동시에, 금융인의 정체성을 중시하는 정도에서는 차이가 있는 사람들이었어요.

연구를 어떤 식으로 진행했는지 더 자세히 설명해 주시겠어요?

그들은 금융인 128명을 모집한 뒤에 무작위로 두 집단으로 나눴습니다. 그리고 한 집단에게는 직업과 관련된 질문들을 했어요. '당신은 어떤 금융 기관에서 일하십니까?', '당신의 업무는 무엇입니까?' 등등. 요컨대 연구자들은 그 질문들을 이용해서 그들이 머릿속에서 금융인의 옷을 입게 한 것이죠. 그리고 다른 집단에게는 금융업과 무관한 질문들을 했어요. '당신은 텔레비전을 얼마나 자주 보십니까?', '당신이 좋아하는 셔츠 색깔은 무엇입니까?' 등등. 따라서 두 번째 집단의 피실험자들은 금융인으로서의 자기 모습을 떠올릴 필요가 없었습니다.

그런 다음에 두 집단의 정직성을 측정했겠네요. 그런데 실험실에서 어떻게 정직성을 측정하죠?

간단하면서도 기발했어요! 그들은 피실험자가 빈 방에 혼자 들어가서 문을 닫고 동전 던지기를 10번 한 다음 밖으로 나와 동전의 뒷면이 나온 횟수를 보고하게 했어요. 피실험자는 자신이 말한 뒷면의 횟수에 따라서 1회당 20달러를 받았어요. 아무도 피실험자들을 관찰하지 않았고 따라서 뒷면이 나온 횟수에 대해서 거짓말을 하기는 아주 쉬웠죠. 실제로 피실험자들 개개인이 거짓말을 했는지 알아내기는 불가능했습니다. 피실험자가 방에서 나와 10번 중에 8번 뒷면이 나왔다고 말하면 그 말이 사실인지, 아니면 한두 번을 슬쩍 보탠 것인지 알아낼 방법은 없었어요. 반면에 집단 전체를 고려했을 때는 그 집단이 거짓말을 하는 경향이 있는지를 쉽게 판단할 수 있습니다. 한 집단이 보고한 뒷면 횟수의 평균이 50%를 훌쩍 넘겼다면 그 집단은 거짓말을 했다고 거의 확실하게 결론 내릴 수 있어요.

금융인들의 사례에서 거짓말을 한 집단이 있었나요?

네. 금융인의 정체성을 떠올리지 않았던 '평범한 시민 모습'의 금융인들은 거짓말을 하지 않았습니다. 그들이 보고한 뒷면의 횟수는 50%를 넘지 않았어요. 그와 반대로 직업에 관한 질문을 받아 '금융인의 옷'을 입었던 그들의 동료들은 거짓말을 상당히 많이 해서, 뒷면이 나온 횟수가 평균 58%를 넘었어요.

따라서 개인이 부정직한 것은 아니네요.

그렇습니다. 저는 금융인들에게 화를 낼 생각은 추호도 없어요. 금융인으로서의 직업적 정체성에 의해 조종되지 않을 때는 아주 정직한 사람들이니까요. 그런데 그들이 '금융인의 옷'을 걸치는 순간 속임수를 쓰는 경향이 나타나는 것이죠.

그것이 사실로서 확인된 셈이네요. 그런데 그 '직업적 부정직함'의 원인은 뭘까요? 혹시 금융계 문화가 경쟁을 중시하고 최고가 되는 게 중요하기 때문일까요? 그 때문에 뒷면이 나온 횟수를 속이면서까지 다른 사람들보다 돈을 더 벌어야 하는지도 모르죠.

실제로 연구자들이 세웠던 첫 번째 가설이 바로 그거였어요. 가설을 확인해 보기 위해서 연구자들은 피실험자들에게 '최고가 되는 것'이 어느 정도로 '중요'하다고 생각하는지 물었습니다. 그런데 그 질문에 대한 대답은 피실험자들이 '금융인의 옷'을 입었든 입지 않았든 다르지 않았어요. 그리고 속임수를 쓴 사람들이 경쟁에 대해서 특별히 동기 부여가 돼 있는 것도 아니었습니다.

그렇다면 금융인으로서의 이상적 정체성에 뭔가 특별한 게 있어서 그것이 그들에게 거짓말을 하도록 부추기는 건가요?

연구자들은 다양한 해석을 놓고 논의를 한 끝에 마침내 돈에 대한 중시가 결정적이라는 사실을 찾아냅니다. 그들은 '당신은 사회적 지위가 본질적으로 돈에 의해서 결정된다고 생각합니까?'라는 질문을 제시합니다. 그런데 '금융인의 옷'을 입은 피실험자들이 이 질문에 더 긍정적으로 답을 해요. 속임수를 쓰는 사람들은 돈이 매우 중요하다고 믿는 사람들인 것이죠.

금융인의 옷을 입은 금융인들이 평범한 시민 모습의 금융인들보다 부정직하다는 사실을 연구자들이 실험으로 입증해 냈네요. 하지만 언론인이나 의사들도 '평범한 시민의 모습'을 했을 때와 '언론인의 옷' 내지는 '의사의 가운'을 입었을 때를 비교해 보면 동일한 실험 결과가 나오지 않을까요?

그럴 수 있죠. 그래서 그 연구자들은 다른 직종에 종사하는 사람들을 대상으로도 동일한 실험을 해봤는데 정직성의 차이를 밝혀내지 못했어요. 이 연구에 한정해서 봤을 때, 그 실험 결과는 특별히 금융업에만 해당되는 것처럼 보입니다. 연구자들은 일반인들이 생각하는 금융인상을 알아볼 목적으로, 무작위로 선정된 사람들을 대상으로 여론 조사도 실시했어요. 다양한 직업인들이 동전 던지기를 한다고 가정했을 때 어떤 직업인이 얼마나 거짓말을 할지 추정하게 한 것이었죠. 사람들은 거짓말을 가장 많이 할 것 같은 직종에서부터 가장 덜 할 것 같은 직종까지 순위를 매겼는데, 금융인들을 맨 앞에 놓았고 그 다음에 수감자 이어서 일반인 그리고 맨 마지막에… 의사를 가장 정직한 사람으로 생각했어요! 한편, 금융인들의 낮은 도덕 관념을 개선하기 위한 방법으로 제안된 것들 가운데는, 의사들에게 히포크라테스의 뱀이 있듯이 그들에게도 사회에 적극적으로 기여하라는 의미에서 뱀을 주라는(!) 의견이 있었습니다.

36장

숨 쉬는 걸 잊는다고?

온다인 증후군

동기 체제에 관해서 지금까지 네 장에 걸쳐 살펴봤습니다. 6부에서 제일 처음 다뤘던 내용은, 동기가 없다면 우리는 구석에 틀어박혀서 허기와 갈증으로 죽을 때까지 꼼짝도 하지 않으리라는 것이었어요. 그런데 일반적으로 동기 없이도 우리가 실행하는 행위들이 많이 있습니다(이것들이 행위라고 불릴 자격이 있다면 말이죠). 불수의적 신체 기능들이 모두 여기에 해당하는데요. 사람이 아무리 무기력하다고 해도, 설사 무감동 환자라도 할지라도 호흡을 멈추지는 않아요!

사실 우리는 호흡에 대해서 생각하거나 기억하거나 주의를 기울일 필요가 없어요. 한마디로, 호흡은 특별히 우리가 의식하지 않아도 저절로 이루어집니다.

호흡만 그런 것은 아니죠.

우리가 개입할 필요가 없고 또 대부분 개입할 수도 없는, 자율적으로 작동하는 일련의 신체 기능들이 있어요. 이를테면, 소화 · 심장 박동 · 혈압 조절 · 발한 · 성감 · 구토 · 기침 같은 것들 말이죠. 그렇지만 이 모든 것들은 제어와 협동이 필요하고 따라서 신경 체계가 개입해야 합니다. 이 신경 체계는 눈에 잘 띄지 않는 데서 일을 하기 때문에 우리가 별로 언급하지 않는 것으로 정확하게는 자율 신경계라고 부릅니다.

제가 제 의지로 땀을 멈출 수는 없어요. 하지만 호흡은 좀 다르죠. 호흡은 자율적이지만 한편으로 제 마음대로 숨을 참을 수도 있고 빨리 쉴 수도 있고 깊이 쉴 수도 있어요!

맞습니다. 사실 호흡은 이중으로 제어되는데, 하나는 자율적이고 다른 하나는 수의적인 것으로 이들은 서로 다른 신경 체계에 속해요. 자율적 제어의 경우에는 뇌 아랫부분에 있는 뇌간이 호흡을 조종합니다. 수의적 제어의 경우에는 대뇌 피질이 명령을 내려요. 이런 이유로 '호흡을 잊는 것이 가능한가?'라는 질문은 상당히 흥미롭습니다.

그렇다면 사람이 호흡을 잊어버릴 수도 있나요?

선천성 중추성 폐포 저환기 증후군이라고 불리는 희귀한 질병이 있어요. 더 시적인 표현으로는 온다인 증후군이라고도 합니다.[100] 이 이름은 물의 요정 온다인의 이야기에서 유래하는데, 프랑스 소설가 장 지로두에 따르자면 이야기는 이렇습니다. 온다인은 한 남자와 사랑에 빠져요. 이 남자는 그녀를 배신했고 그것 때문에 매우 기이하게 죽습니다. 그는 온다인에게 말하죠. '네가 떠난 뒤로 나는 내 몸이 스스로 했던 일들을 이제는 몸에게 일일이 명령을 내려야 돼. 내 눈에게 보라고 해야 나는 볼 수 있어. 내 눈에게 보라고 말해야 푸른 잔디가 보인다고. 잠깐이라도 소홀하면 듣는 것도, 숨 쉬는 것도 잊어버릴 거야…. 사람들은 말하겠지, 그 남자는 숨 쉬기가 귀찮아서 죽었다고….' 정말로 그는 죽습니다. 호흡을 생각하지 않아서요.

온다인 증후군의 상황도 그런가요?

앞에서 말했듯이 호흡은 자율적 명령과 수의적 명령에 의해서 이중으로 이루어지는데 온다인 증후군은 자율적 명령이 기능하지 않습니다. 이 환자들은 깨어있을 때는 수의적으로 호흡을 할 수 있어서 문제가 없는데 잠이 들면 충분히 호흡하지 못해서 잘못하면 죽을 수도 있어요.

흔한 병은 아니지만 그래도 좀 더 자세히 설명해 주시겠어요?

이 병은 굉장히 드물어서 전 세계적으로 환자가 대략 천 명밖에 되지 않습니다. 알려진 지도 얼마 되지 않아서 1970년에 처음으로 보고됐어요. 이 병의 원인은 유전으로, PHOX2B라는 이름의 유전자가 돌연변이를 일으켜서 발병해요. 이 유전자는 앞서 언급했던 자율 신경계에 속하는 세포들의 형성에 관여합니다. 게다가 온다인 증후군은 자율 신경계에 영향을 미치는 다른 장애들을 동반하기도 해요. 소화 · 심장 박동 · 체온 조절 등에 문제를 일으키죠.

온다인 증후군은 언제 · 어떻게 진단을 내리나요?

가장 흔한 경우로는 신생아들이 자꾸 기절하고 호흡을 멈추는데 심장이나 폐에서 분명한 원인이 발견되지 않을 때예요. 이 문제를 해결하려면 아기의 폐포를 인공적으로 환기시키는 수밖에 없어요.

앞에서 말씀하시기를 호흡의 제어는 부분적으로는 자율적이고 부분적으로는 수의적이라고 하셨습니다. 온다인 증후군에서는 어떤 게 작동하지 않는 건가요?

수의적 제어는 온전한데 뇌간이 조종하는 자율적 제어가 작동하지 않는 거예요. 일반적으로 호흡은 필요에 따라서 조정됩니다. 예를 들어서, 운동할 때 우리는 평소보다 산소를 더 많이 소모하고 이산화탄소를 더 많이 만들어 내요. 따라서 혈중 산소 비율은 감소하고 혈중 이산화탄소 비율은 증가합니다. 일부 혈관 벽에는 산소와 이산화탄소를 측정하는 감지기들이 있는데, 이것들이 변화를 탐지해서 뇌간에 전달합니다. 그러면 뇌간은 호흡량을 증가시켜서 부족한 만큼의 산소를 공급하고 이산화탄소는 배출하죠. 온다인 증후군의 경우에는 뇌간이 이 정보를 정확하게 해석하지 못해서 필요한 만큼 호흡을 조정해 주지 않아요.

치료할 수 있는 방법이 있나요?

폐포를 기계적으로 환기시켜서 수의적 환기 부족을 보완해 주는 것 외에는 달리 할 수 있는 일이 없어요. 태어나서 첫 몇 달간은 계속해서 환기를 해줘야 하죠. 그 뒤에는 밤에 잘 때만 환기를 해줍니다. 환자들은 환기 기계에 연결된 마스크를 써요.

온다인 증후군은 지적 능력에 영향을 줄까요? 호흡을 생각해야 한다면 다른 생각은 하기 어려울 수도 있을 것 같아요.

제 동료들인 살페트리에르 병원의 호흡기내과 의사들과 신경과 의사들이 온다인 증후군을 앓는 젊은 환자에 대해서 연구한 논문이 있습니다.[101] 그 환자가 고등학생이었을 때 이야기인데, 시험을 보거나 어려운 문제를 풀 때 환기 마스크를 쓰면 문제를 더 잘 풀었어요. 이것은 호흡 제어가 실제로 그 환자에게 상당한 지적 '부담'을 줬다는 것을 시사합니다. 그래서 기계에 제어를 맡기게 되면 부담이 사라졌던 것이죠.

그것을 객관적으로 연구하기 위해서 연구자들은 구체적으로 어떤 방법을 썼나요?

그들은 환자를 MRI 기계 안에 넣고, 환자가 자연적으로 호흡할 때의 기능적 뇌 영상과 평소에 잠을 자면서 사용하는 기계로 인공 환기를 할 때의 기능적 뇌 영상을 기록했어요. 여기에 병행해서 환자는 간단한 사고력 문제들도 풀었어요. 주의와 집중이 필요한 과제에 대한 환자의 수행 능력은 수의적으로 호흡할 때보다 환기 기계를 사용했을 때 조금 더 낫거나 더 안정적인 것으로 나타났습니다.

사고력과 호흡이 서로 경쟁적으로 정신 자원을 차지하려고 하는 그 상황을 뇌 단층 사진으로 '볼' 수 있을까요?

자료 55의 왼쪽 그림에서 스위치가 '켜진' 영역들은 수의적 호흡을 할 때보다 인공 환기를 하는 동안 더 활성화돼 있습니다. 그런데 일반적으로 이 영역들은 우리가 특별히 해야 할 일이 없을 때, 즉 우리가 조용히 공상을 할 때 활성화되는 자리예요. 이 그림이 시사하는 바는, 인공 환기가 정신을 자유롭게 풀어줘서 환자가 정신적으로 휴식을 취하고 유연해지게 만들어 줄 수 있다는 것입니다. 달리 말해서, 환자가 호흡을 조절해야 할 때보다 기계가 호흡을 조절해줄 때 뇌는 더 '정상적으로' 활동해요.

질식하지 않기 위해서 환자가 조절해야 하는 수의적 호흡이 어떻게 작동하는지도 볼 수 있나요?

자료의 오른쪽 그림이 보여주고 있는 뇌 영역들은 기계적 호흡을 할 때보다 수의적 호흡을 할 때 뇌간과 더 강하게 연결됩니다. 달리 말해서, 기계가 멈추는 순간 환자는 의식적으로 호흡을 해야 하고 그래서 이 영역들을 광범위하게 동원해서 뇌간을 수의적으로 조절하는

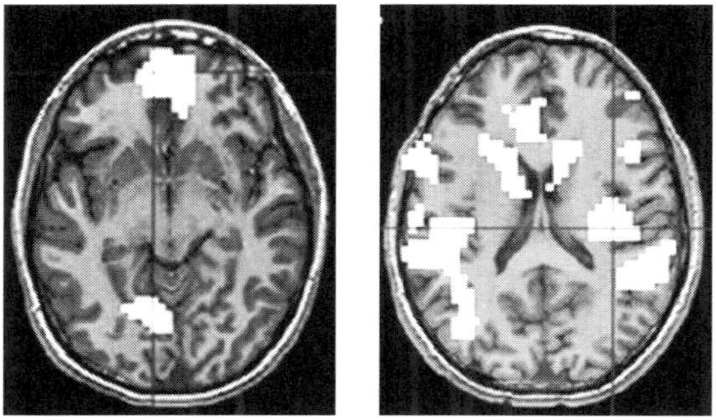

자료 55 휴식 상태일 때만 나타나는 정신적 방랑을 관장하는 영역들은 인공 환기가 작동할 때 더 강하게 활성화된다(왼쪽 그림). 인공 환기가 꺼진 상태에서는 뇌간에 연결된 뇌 영역들이 호흡을 조절한다(오른쪽 그림).

것이죠. 호흡에 신경을 쓰면서 동시에 지적인 차원에서도 능력을 완벽하게 발휘하기는 어려울 거예요. 끝으로, 가수이자 심오한 철학자이기도 했던 피에르 페레의 말로 마무리를 할까 합니다. '유일한 치명적 과실은 호흡을 잊는 것이다.'

7부

신경과 의사의 진료실

나를 속이는 뇌 / 뇌를 속이는 나

수많은 '추가 검사'와 생물학적 분석 그리고 정교한 신체 내부 영상들이 개발되면서 의료업은 확실히 많이 변했습니다. 불과 얼마 전까지만 해도 의사의 무기는 오직 자신의 눈과 귀와 손밖에 없었죠. 사람들은 이제 진료가 훨씬 쉬워졌다고 생각할 수도 있을 겁니다. 이제는 신경과 의사가 환자의 혼란스러운 하소연을 듣고 앉아 있을 필요가 없겠구나 하고 말이에요. 환자에게 증상을 묻거나 고민할 것 없이 MRI, EMG, EEG, PET, SPECT를 처방해서 결과지를 눈앞에서 흔들면 되니까요. 다시 말해서, 컴퓨터 알고리즘으로 검사 결과를 해석하는 것이죠. 그래서 결과지를 보고 어렵지 않게 진단을 내리고, 당연히 거기에 맞춰서 치료도 진행하고요.

다행인지 불행인지 우리는 아직 거기까지는 가지 않았습니다. 7부에서는 신경과 의사의 진료실로 들어가 보려고 합니다. 여러분은 그곳의 상황이 여전히 매우 수공업적이며, 아직까지는 손의 모양과 걸음 속도와 쓰기 오류 등에 대한 세밀한 분석을 대체할 만한 것이 없다는 사실을 보게 될 거예요. 하지만 제일 먼저 할 일은, 질병은 영원하다는 환상을 버리는 것입니다. 질병은 발견된다기보다는 발명되고, 반박되고, 재분류되며, 때로는 완전히 사라지기도 해요.

37장

질병의 탄생과 죽음

의사가 일상적으로 하는 첫 번째 일은 진단입니다. 다시 말해서 자신을 찾아온 환자의 병을 식별하는 거예요. 환자를 치료하는 일은 그 다음이죠. 하지만 병이 진단되려면 그 전에 발견되고 인정받고 이름도 붙어야 되며 또 의과 대학의 교과 과정 속으로 들어가야 하죠. 병은 처음에 어떻게 발견되나요?

여러분이 오렌지나 바나나를 한 번도 본 적이 없다고 가정해 봐요. 제가 여러분에게 바나나와 오렌지를 보여주면 여러분은 그것들의 형태와 색깔과 질감의 차이를 확연히 느낄 겁니다. 그래서 두 개가 다른 종류의 식물이고 따라서 다른 이름을 가질 자격이 분명히 있다고 생각하겠죠. 제가 말하고자 하는 요지는, 질병은 바나나나 오렌지와 다르다는 사실입니다. 사람들이 주로 생각하는 것과는 반대로, 질병의 세계에 속하는 것들은 과일과 채소의 세계에 속하는 것들보다 훨씬 더 모호하고 윤곽도 훨씬 덜 명확합니다. 일반적으로 질병들은 서로 분명하게 구별되지 않아요. 신경학을 예로 들자면, 파킨슨병이나 알츠하이머병처럼 증상이 매우 뚜렷하고 오래전부터 존재했을 것으로 짐작되는 질병들도 19세기 말 내지는 20세기 초에 와서야 확인됐어요.

질병을 발견하고 분류하는 일은 이제 다 끝났나요?

아직도 멀었어요! 19세기 말에 시작됐지만 최근에 다시 활기를 띠고 있는 질병의 재분류와 관련된 이야기를 하나 해 드릴게요. 우선, 매우 존경받는 세 명의 의사를 소개할 텐데, 그들은 질병을 하나씩 발견했습니다. 따라서 우리가 보게 될 질병은 세 개예요. 19세기 후반에 살았던 장-마르탱 샤르코의 이야기부터 하겠습니다. 한마디로 그는 프랑스 신경학의 창시자라고 할 수 있어요. 그가 확인한 질병들 가운데에 가장 유명한 것은 다발성 경화증입니다. 샤르코는 그 당시의 통념에서 벗어나 이것이 매독과는 전혀 관련이 없다는 사실을 밝혀냈고, 이 질병의 임상 소견과 함께 환자의 뇌와 척수를 해부해서 현미경으로 관찰한 모습까지 기술했습니다. 다발성 경화증은 자가면역 질환이에요. 즉, 감염과 기타 외부의 침입에 맞서서 우리를 보호해 줘야 할 면역계가 인체를 공격하는 것입니다. 다발성 경화증의 경우에는 중추 신경계가 면역계에게 공격당하죠. 이 공격은 매우 다양한 방식으로 발현됩니다(근질거리는 느낌, 보행 장애, 시력 저하 등등).

신경계에 피해를 주는 그 염증 부위를 직접 볼 수 있나요?

자료 56은 샤르코의 사진과 함께 다발성 경화증의 매우 전형적인 뇌 MRI를 보여주는데, MRI상의 작고 하얀 반점들이 면역계에 의해서 공격당하고 있는 염증 부위입니다.

따라서 샤르코는 다발성 경화증을 발견했네요. 그런데 앞서 말씀하시기로는 의사 세 명에 질병 세 개라고 하셨는데요.

두 번째 주인공은 19세기 말부터 20세기 초까지 살았던 프랑스 리옹

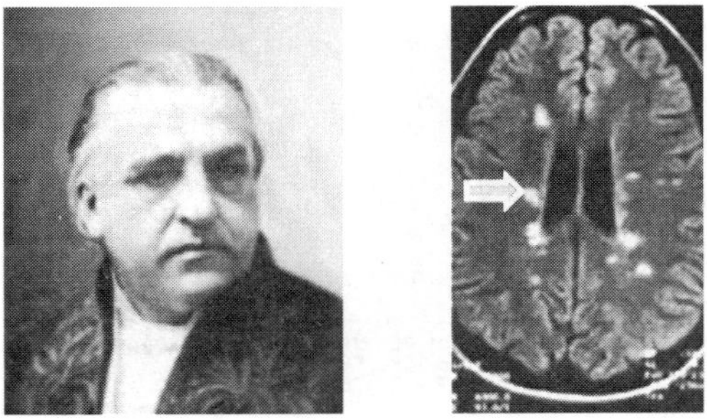

자료 56 왼쪽 사진은 다발성 경화증을 발견한 장-마르탱 샤르코(1825~1893). 오른쪽의 뇌 MRI에서 하얀 반점들은 염증에 의해 손상된 부위이다.

의 신경과 의사 외젠 드빅이에요. 이 사람 역시 질병을 하나 발견했는데, 그 질병은 시신경 척수염입니다. 이 병은 심한 염증으로 발현되며 특정한 두 영역에 피해를 줘요. 한 영역은 위쪽 척수로 사지에 운동 · 감각 장애를 일으켜요. 다른 한 영역은 눈에서 받아들인 정보를 뇌로 전달하는 시각 신경으로 심각한 시력 저하를 종종 불러와요. 자료 57은 드빅의 사진과 한 환자의 척수 MRI인데, MRI상으로 나타난 하얀 흔적이 염증 부위에 해당합니다. 이제 제 의도를 짐작하셨을 거예요. 한편에서는, 시신경 척수염이 척수와 시각 신경에 염증을 일으킵니다. 그리고 다른 한편에서는, 다발성 경화증이 신경계 모든 곳에, 그중에서도 특히 척수와 시각 신경에 염증을 일으킵니다. 이 두 질병은 별개로 간주해야 할까요? 실제로 20세기 거의 내내 전문가들은 시신경 척수염이 다발성 경화증의 특별한 한 형태인지, 아니면 독자적 질병으로 인정받을 가치가 있는 것인지를 놓고 격론을 벌

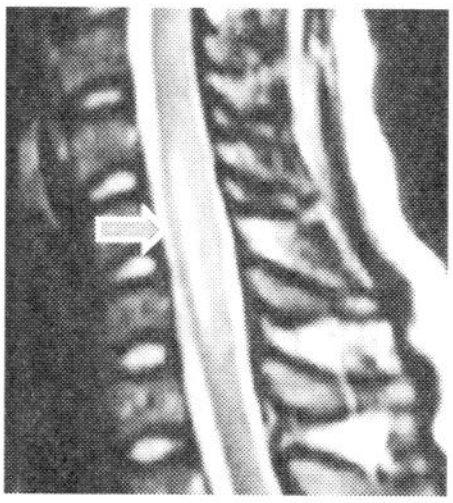

자료 57 왼쪽 사진은 시신경 척수염을 발견한 외젠 드빅(1858~1930). 오른쪽의 MRI에서 화살표가 가리키고 있는 굵은 흰 선은 목의 척수 부위에 생긴 염증성 병변이다.

였어요. 그리고 시신경 척수염이 다발성 경화증의 변이형에 불과하다는 생각이 지배적이었죠.

그래서 시신경 척수염은 매장됐군요. 지금도 여전히 그렇게 생각하나요?

천만에요. 불과 약 12년 전에, 생물학과 단층 촬영의 발전으로 획기적인 선회가 일어났습니다. 면역계가 만들어 내는 물질인 항체가 새로 발견됐는데, 신경계를 공격하는 데 관여하는 이 항체는 시신경 척수염에만 있고 다발성 경화증에는 없습니다. NMO-IgG라고 불리는 이 항체는 시신경 척수염의 내적 원리가 다발성 경화증과 다르다는 사실을 암시합니다. 특히 MRI에 근거한 그 밖의 다른 논거들이 여기에 추가되면서 결국 시신경 척수염은 고유한 원리 · 증상 · 치료법이 있는 자율적 질병 단위라는 결론에 이르게 됐습니다. 한 세기 동안 혼동이 있긴 했지만 시신경 척수염은 다발성 경화증의 변이형이 아니라 독자적 질병이에요.

그렇군요. 그런데 아직 세 번째 사람과 세 번째 질병이 남아있는데요.

이제부터 그 이야기를 해 드릴게요. 1927년에 헝가리에서 요제프 발로 박사가 자신의 이름을 딴 질병 하나를 보고했는데, 다발성 경화증과는 비슷한 점이 전혀 없었어요. 환자는 며칠 내지 몇 주 사이에 전형적인 뇌종양 증상들을 보입니다. 예를 들자면, 발로가 보고한 첫 번째 환자는 만 23살의 법대생이었는데 몇 주 만에 우측 반신 마비와 실어증이 왔고 그 뒤 사망했어요. 그리고 발로병의 MRI를 보면 큰 흰 반점이 이웃 영역들을 압박하고 있습니다(자료 58). 이것은 종양일 가능성이 있고 다발성 경화증의 작은 흰점과는 전혀 닮지 않았어요. 하지만 뇌 손상을 현미경으로 분석하고 환자들을 장기적으로 추적 조사 해본 결과, 실제로 이것은 다발성 경화증의 일종이며 그에 맞춰서 치료를 해야 하는 것으로 밝혀졌습니다. 발로병 사건의 전말은 '종양처럼 보이는' 큰 반점에서 시작된 것이었죠.

질병의 진위와 관련된 약간 복잡한 이야기였는데 요점을 간추려 주셨으면 합니다.

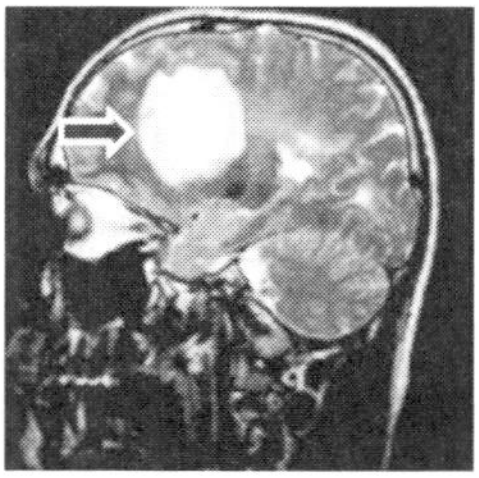

자료 58 왼쪽은 요제프 발로(1895~1979)의 사진으로, 그가 보고한 병은 결국 다발성 경화증의 변이형으로 판명됐다. 오른쪽 그림에서 보이는 커다란 '동심성 경화증'은 뇌종양과 비슷하지만 종양이 아니다.

제일 먼저 다발성 경화증이 나왔어요. 그 뒤에 두 번째 질병인 시신경 척수염이 나왔는데 한 세기 동안 사람들은 이것을 독자적인 질병이 아니라 다발성 경화증의 한 형태라고 생각했죠. 그러다가 최근 의학 기술의 발전으로 시신경 척수염은 독자적 질병으로 고려될 가치가 있는 것으로 밝혀집니다. 마지막으로, 세 번째 질병인 발로병은 그 반대였어요. 이 병은 임상 차원에서는 다발성 경화증과 전혀 비슷하지 않지만 실제로는 다발성 경화증이며 독자적 질병이 아니라는 사실을 사람들은 깨닫게 됩니다. 이 이야기가 주는 교훈이 있다면, 의학은 단지 질병의 치료에만 국한되지 않고, 치료에 앞서서 질병을 확인 · 구별 · 분류 · 명명하는 일을 한다는 것이죠. 한마디로 의학은 질병들의 체계를 세웁니다!

38장

그러다가 싸우겠네

왼손과 오른손의 갈등

사람들은 신경과 의사들이 다른 사람들보다 똑똑해 보이고 싶어 한다고 해요(어쩌면 전적으로 틀린 말은 아니지 싶습니다). 이런 태도는 아마도 장-마르탱 샤르코에게서 비롯됐을 겁니다(앞의 자료 56을 볼 것). 샤르코는 진단을 빨리 내리고 싶어 했어요. 그래서 진료실로 들어오는 환자의 걸음걸이만 보고 곧바로 진단을 내리곤 했죠.

사실인가요, 아니면 가공된 얘기인가요? 걸음걸이만 보고도 진단을 내릴 수 있나요?

가능해요. 걸음걸이는 대단히 많은 것을 드러내 주기 때문에 신경과 의사는 걸음걸이만 보고도 그 사람의 병을 연상할 수 있어요. 파킨슨병, 반신불수의 후유증, 근육 질환, 말초 신경 · 근육 · 소뇌의 손상, 몇몇 정신병 등등 일일이 열거할 수 없을 정도로 많은 병들을 말이죠. 하지만 의사의 시선이 곧장 향하는 대상이 또 하나 있는데, 많은 정보를 담고 있는 그것에 관해서 이제부터 얘기해볼까 합니다. 그것은 바로 손이에요. 당연한 말이지만, 손을 관찰할 때 피부과 의사가 보는 게 있고 류마티스 전문의와 심장 전문의가 보는 게 있을 겁니다. 저는 신경과 의사가 보는 것에 대해서 이야기해 보겠습니다.

간단한 사례를 가지고 시작을 했으면 합니다. 환자가 손이 마비돼서 선생님을 찾아왔어요. 선생님 눈에는 뭐가 보이나요?

대체로 마비는 중추 신경계(뇌, 뇌간, 척수)나 말초 신경계(척수에서 손까지 가는 신경)가 손상돼서 생깁니다. 예를 들어서, 뇌졸중의 경우처럼 중추 신경 손상으로 인한 마비라면 일반적으로 손 전체에 힘이 빠져요. 다시 말해서 주먹 쥐기, 손가락 벌리기 같은 동작을 거의 할 수 없게 됩니다. 이런 종류의 마비가 심각하고 지속적이면 결국에는 주먹손에 손목이 구부러져 있는 특별한 모양을 취하게 돼요(자료 59A). 예를 들자면, 뇌졸중으로 반신불수가 된 뒤에 회복하지 못한 사람들에게서 이런 모습을 볼 수 있습니다.

말초 신경 손상에 의한 마비, 즉 척수에서 손으로 이어지는 신경을 다치면 어떻게 되나요?

손에는 각기 다른 근육을 담당하는 세 개의 신경이 있어요. 예를 들어서, 환자의 손이 '거위 목'처럼 축 늘어져 있고 손가락으로 물건을 집을 수는 있는데 손을 위로 들어 올릴 수 없다면 요골 신경이 마비된 겁니다. 이것은 사랑의 마비라는 이름으로도 불려요(자료 59C).

왜 그런 이름이 붙었나요?

요골 신경은 팔을 따라 지나가기 때문에 자칫하면 팔뼈에 눌리기 쉬워요. 그래서 연인에게 장시간 팔베개를 해주면 이 신경을 다칠 위험이 있어요. 자고 일어났더니 손이 축 늘어지는 거죠. 요골 신경이 아니라 다른 두 신경이 다치면 다른 유형의 마비가 생깁니다.

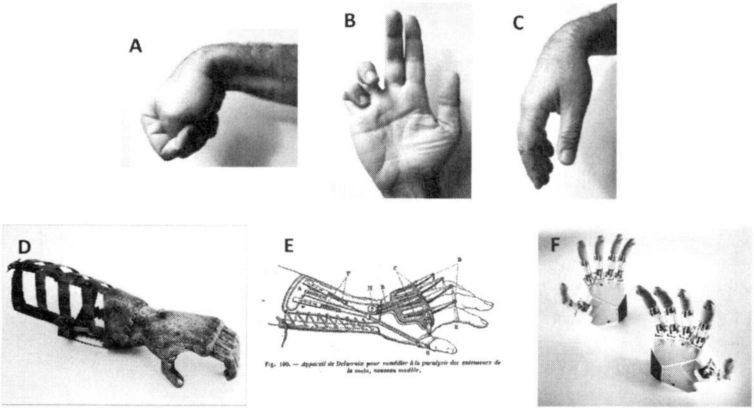

자료 59 A: 뇌 손상으로 인해 경직된 손. B: 척골 신경 마비로 인한 갈퀴손. C: 요골 신경 마비로 인해서 거위 목처럼 쳐진 손. D: 손 보철물(16세기). E: 요골 신경 마비를 교정하기 위해 고안된 기계 장치(19세기). F: 근전기형 손 보철물.[102]

단순한 힘 빠짐 외에 손의 움직임과 관련해서 다른 이상들은 없나요?

이상 운동이라는 이름 아래 굉장히 다양하게 존재합니다. 가장 잘 알려진 것은 지속적인 떨림이에요. 예를 들어서, 파킨슨병의 경우에는 손이 아주 느리게 떨리는데 그 동작이 마치 빵 조각을 부수는 모습을 연상시킵니다. 그리고 특히 손이 쉬고 있을 때, 즉 손을 사용하지 않을 때 떨림이 나타나요. 기억나는 환자가 있는데, 손이 쉬고 있을 때는 떨림이 굉장히 심했지만 정교한 배 모형을 병 속에서 조립할 때는 아무 문제가 없었어요. 그 사람의 손은 섬세하게 움직여야 할 때 안정을 찾았죠. 그와 반대로, 본태 떨림이라고 부르는 것은 손이 쉴 때 사라지고 손이 움직이는 동안 나타나서 심하면 글씨를 전혀 쓰지 못하고 식사도 혼자 하기 어려워져요.

그 밖에 또 다른 손의 이상 운동은 없나요?

앞서 쓰기 체제에 관한 장에서 살펴봤던 필기 경련도 손의 이상 운동입니다. 이것은 손과 종종 팔에도 나타나는 불수의적 수축인데, 글씨를 쓰는 중에만 나타나며 오른손잡이들의 경우에는 할 수 없이 왼손으로 쓰는 법을 배우죠.

손에 대한 신경학은 힘 빠짐, 손 떨림, 근육 경련으로 끝나나요?

흥미로운 이야기는 지금부터예요. 손에 마비나 감각 이상, 이상 운동이 없는데도 손을 사용하지 못하는 환자들이 있습니다. 이것은 행위 상실증 또는 아프락시아라고 부르는 것으로, 아프락시아는 그리스어로 '행위'를 뜻하는 praxis에서 유래하죠.

손을 사용하지 못한다는 것이 무슨 뜻인지 좀 더 구체적으로 설명해 주시겠어요?

제가 환자에게 손으로 V자 만들기 같은 간단한 손동작을 보여주면서 똑같이 따라해 보라고 합니다. 환자는 마비 기미가 전혀 없는데도 손가락을 이리저리 꼬기만 하고 그 모양을 만들지 못해요. 한 환자는 가위나 빗 같은 일상용품을 사용하지 못했어요. 그게 무슨 물건인지는 알지만 손을 써서 사용하는 방법을 잊어버린 겁니다.

행위 상실증 환자는 기본적인 운동 기능은 손상되지 않았는데 손동작을 구성하는 방법을 잊어버린 것이군요. 두 손이 따로 움직일 때는 잘 기능하는데 그것들 간의 협동 운동이 손상되는 경우도 있을까요?

손의 움직임은 반대쪽 반구로부터, 즉 오른손은 좌뇌 그리고 왼손은 우뇌로부터 명령을 받습니다(자료 60). 두 반구가 사고로 말미암아 분리되는 (극히 희박한) 경우에 각 반구는 자기가 담당하는 행위를 맞은편 반구와 상의나 타협 없이 시작해요. 이 행위들은 완전히 모순될 때도 있습니다. 환자가 (좌뇌에 의해서 조종되는) 오른손으로 글씨를 쓰고 있는데 (우뇌에 의해서 조종되는) 왼손이 갑자기 튀어나와 종이와 펜을 낚아채서 바닥에 던져 버리는 식이죠. 또 수건을 물에 담그려고 오른손이 세면대를 마개로 막는데 왼손이 튀어나와서 도로 마개를 열기도 해요. 그래서 오른손이 황급히 마개를 다시 막고, 왼손이 튀어나와서 다시 열고, 이런 식으로 계속 이어져요. 이 이야기는 진짜 있었던 일입니다. 이런 극적인 행위 상실증의 변종을 일컬어서 '다이-애거니스틱'(diagnostic이 아니라 di-agnostic)이라고 하는데 이 말은 그리스어로 '분리'를 뜻하는 dia에 agôn이 결합된 것으로 agôn은 '싸움'을 의미해요!

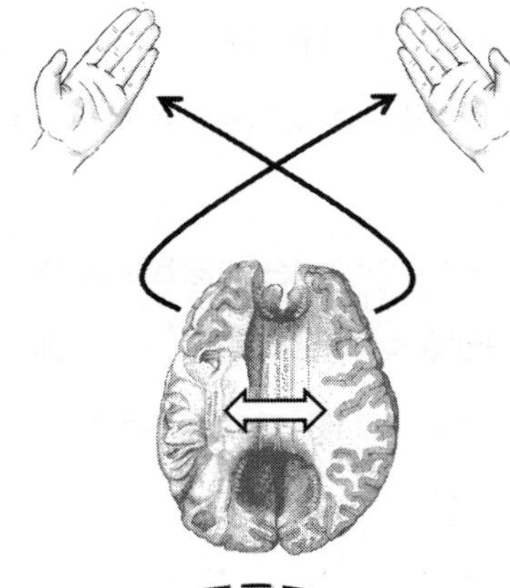

자료 60 각 반구는 반대편 손에 지시를 내리며 두 반구는 뇌량에 의해 연결돼 있다. 뇌량이 끊어지면 두 손은 서로 모순된 행동을 할 가능성이 있다.

손은 우리에게 굉장히 중요해서 뇌 활동의 큰 부분을 차지하고 있어요. 우리가 불행히도 사고를 당해서 손 하나를 잃으면, 다시 말해서 손 하나가 절단되면 어떤 일이 일어날까요?

말씀하신대로 뇌 안에는 풍부하고 다양한 손의 표상들이 들어있어서 이것들을 바탕으로 손을 느끼고 조종합니다. 손 하나가 절단돼도 손의 표상, 즉 손에 대한 기억은 뇌 안에 고스란히 남아있어 종종 환상지로 나타나곤 합니다. 환상지란, 절단된 손이 여전히 붙어있는 듯한 느낌이에요. 손의 감각도 느껴지고 때로는 손을 움직일 수 있을 것 같은 느낌까지 들죠. 불행하게도 환상지는 통증을 수반할 때가 많은데 치료하기가 참 어렵습니다.

절단 수술을 받은 환자의 뇌에서 움직임에 대한 의도를 탐지해서 기계 보철물에 명령을 내릴 수는 없을까요? 이것은 공상 과학 소설에서나 가능한 이야기인가요?

전혀 불가능한 일은 아니에요. 오래전부터 사람들은 절단된 손을 대체할 수 있는 보철물을 만들어 왔습니다. 16세기에 앙브루와즈 파레는 관절과 톱니바퀴 장치가 달린 기계손을 고안했어요(앞의 자료 59D를 볼 것). 문제는, 환자의 뇌가 보철물에게 얼마나 직접적으로 명령을 내리는가에 있습니다. 웬만큼 정밀한 보철물들은 대부분 근전기형이에요. 제가 손 대신에 모터가 달린 보철물을 달고 있다고 가정해 보죠. 이제 제 손이 절단된 단면의 피부에 전극을 심습니다. 이 전극들은 남아 있는 팔 부분의 근육이 수축되는 것이 감지되면 이것을 변환시켜서 보철물의 모터에 지시를 내립니다. 예를 들어서, 제가 보철손을 오므리고 싶으면 팔 근육들을 꽉 조여야 해요. 거기에 이식된 전극들은 이 수축을 감지해서 보철물에게 손을 오므리라는 지시를 내립니다. 따라서 이 지시는 뇌에서 건강한 근육까지 그리고 건강한 근육에서 보철물까지, 전선을 따라서 간접적인 방식으로 전달되는 것이죠. 하지만 아까 말씀하셨던 대로 사람들은 더 직접적으로 명령을 내리는 방법도 연구하고 있어요. 머리에 전극을 붙여서 뇌전도를 수집한 뒤 컴퓨터로 전송하고, 컴퓨터는 이것을 분석해서 보철물에 적합한 명령을 도출해 내는 것이죠. 이상적으로는, 여러분이 손을 오므리고 싶다고 생각하면 컴퓨터가 여러분의 뇌전도를 받아서 해독한 뒤에 보철물에 지시를 내리고 손이 오므려지는 것입니다. 아직 이 단계까지 가지는 못했지만 그렇다고 해서 공상 과학 소설만의 이야기는 아니에요(앞의 자료 59F를 볼 것).

39장

오른손이 하는 일을 왼손이 모르게요?

좌뇌와 우뇌의 협동

손을 주제로 이야기를 좀 더 계속해 보죠. 우리는 손이 두 개예요. 이것은 우리가 두 손을 사용해서 동시에 두 가지 일을 할 수 있다는 의미일까요?

제가 어렸을 때 아이들 놀이 중에 한 손으로는 머리를 두드리고 다른 한 손으로는 배를 둥글게 문지르는 놀이가 있었어요. 그런데 이 두 가지 손 운동은 그러지 않으려고 해도 자꾸 섞여서 배는 두드리고 머리는 문지르게 돼요. 두 손을 따로따로 움직이기는 어렵습니다. 하지만 연습하면 할 수 있어요. 이것의 극단적인 예는 피아노나 바이올린 연주자들이죠. 더 평범한 상황도 있는데, 이를테면 식사할 때 우리는 칼과 포크를 동시에 씁니다.

손동작 중에서 어떤 것들은 결합하기가 비교적 쉬워요. 예를 들어 두 손으로 꼭두각시 인형을 조종하는 일은 전혀 어렵지 않아요!

이것은 시공간 속에서 두 동작이 얼마나 유사한가에 달려있어요. 시간적 유사성으로 말하자면, 두 동작이 박자가 잘 맞을 때 결합하기가 쉬워요. 이를테면, 한 손으로 탁자를 한 번 치는 동안 다른 손으로 정확히 두 번이나 세 번을 치는 경우이죠. 한 손으로 탁자를 두 번 치는 동안 다른 손으로 세 번을 치기는 훨씬 어렵습니다. 공간적 유사성으로 말하자면, 서로 비슷한 두 동작 내지는 반대 방향의 두 동작은 동시에 하기 쉽습니다. 하지만 서로 90도로 만나는 두 동작은 동시에 하기 어려워요. 위에서 말한 놀이처럼 한 손으로 직선을 그리면서 다른 손으로 원을 그리는 일은 훨씬 더 어렵죠. 결국에는 직선과 원이 서로 비슷해져서 타원형이 만들어져요. 여기에 대한 좋은 예는 열린 네모입니다(자료 61). 좌우 대칭인 열린 네모 두 개는 동시에 그리기

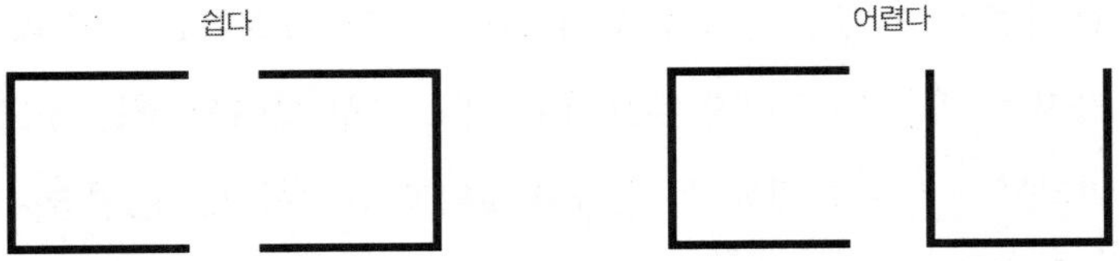

자료 61 좌우 대칭인 열린 네모 두 개를 동시에 그리기는 쉽지만 90도로 만나는 열린 네모 두 개를 동시에 그리기는 어렵다.

쉬운데 90도로 만나는 열린 네모 두 개는 훨씬 그리기 어려워요.

그런데 손은 뇌에 의해서 조종되는 도구에 지나지 않아요. 두 가지 행동 계획(직선 그리기와 원 그리기)이 서로 섞인다면 그것은 분명히 뇌에서 일어나는 일일 겁니다.

맞아요. 아시겠지만 우리에게는 좌뇌와 우뇌가 있고, 각 반구는 반대쪽 손을 담당해요. 우리가 오른손을 움직일 때는 좌뇌가 명령하고, 왼손을 움직일 때는 우뇌가 명령합니다(앞의 자료 60을 볼 것). 게다가 두 반구는 서로 긴밀하게 정보를 주고 받죠. 두 손의 동작을 별개로 유지하기 어려운 이유는 이처럼 좌뇌와 우뇌가 서로 정보를 교환하기 때문이에요.

따라서 좌뇌와 우뇌의 정보 교환을 막으면 두 손이 서로를 방해하지 않아서, 배를 문지르면서 머리를 치는 일이 쉬워지겠네요.

그럼요. 두 반구가 분리되는 희귀한 경우에 정확히 그런 상황이 벌어집니다. 정상적인 경우에 두 반구는 뇌량이라고 불리는 굵은 신경 섬유 다발에 의해서 연결되고, 지속적으로 정보를 교환해요. 그런데 뇌량이 사고로 다치거나 수술로 절단되는 일이 일어날 때가 있어요. 앞장에서 살펴봤던 것처럼, 그렇게 되면 다이-애거니스틱 행위 상실증이라는 이름으로 두 손이 독립적으로 움직이게 돼서 서로 모순되는 행동을 하게 될 가능성이 있어요.

두 반구가 분리되면 열린 네모 두 개를 그릴 때 어떤 결과가 나오게 되나요?

자료 62의 왼쪽 그림은 두 반구가 정상적으로 정보 교환을 하는 사람의 경우를 보여줍니다. 이 경우에 좌우 대칭인 네모 두 개를 그리기는 쉽지만 90도로 만나는 네모 두 개를 그리기는 극히 어려워요. 자료의 오른쪽 그림은 두 반구가 분리된 환자의 경우예요.[103] 이 경우에도 좌우 대칭인 네모 두 개를 그리기는 쉬운데, 주목할 사실은 90도로 만나는 네모 두 개를 그리기도 쉽다는 점이에요. 우뇌는 왼

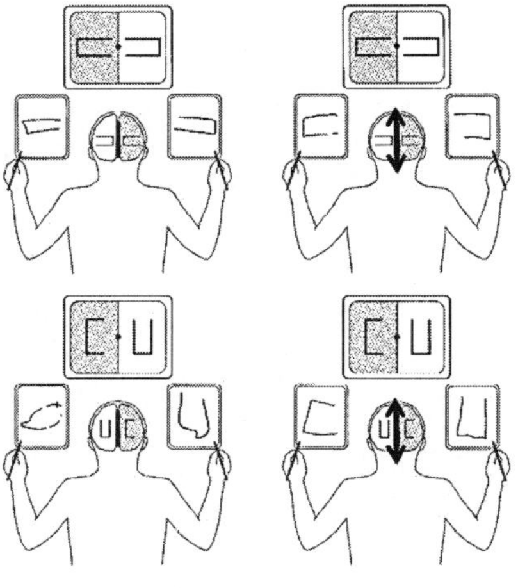

자료 62 좌우 대칭인 네모 두 개와, 서로 90도로 만나는 네모 두 개 따라 그리기. 왼쪽은 정상인의 예, 오른쪽은 분리뇌 환자의 예.

손을 이용해서 옆으로 열린 네모를 그리고, 좌뇌는 오른손을 이용해서 위로 열린 네모를 그립니다. 두 반구는 서로 소통하지 않고 따라서 아무것도 두 행동 계획을 방해하지 않아요.

잘 알겠습니다. 두 반구가 분리된 환자가 뇌를 다치지 않은 사람보다 유능하다니, 모순적이네요!

맞습니다. 하지만 굉장히 부자연스러운 상황이죠. 평소에는 두 손이 사이좋게 협동해서 하나의 계획을 실행하는 것이 유리합니다. 실제 삶에서 보자면, 뇌량이 잘린 환자들은 훌륭한 피아노 연주자가 될 수 없어요. 평소에 아주 많이 하는 동작들(이를테면, 구두끈 묶기) 외에는 두 손으로 잘할 수 있는 일이 없습니다. 그 동작들은 거의 자동으로 이루어져서 좌뇌와 우뇌가 정보를 교환할 필요조차 없으니까요. 그와 반대로, 두 손을 써서 익숙하지 않은 일을 해야 할 때는 어려움이 많아요.

당연한 말이지만 오른손이 어떤 동작을 할 때 사실상 중요한 것은 의도입니다. 의도는 뇌 안에서 전개되는 행동 계획이고 가시적 행위는 이 행동 계획으로부터 비롯되는 것이죠. 실제 동작은 이와 같은 구조의 가시적인 면에 불과해요.

그렇습니다. 그래서 손 절단 수술을 받은 사람들조차도 오른손과 왼손의 행동 사이에 동일한 간섭 현상을 보일 정도예요! 앞에서도 말했다시피, 손 절단 수술을 받은 사람들은 손에 대한 환상, 다시 말해서 손이 여전히 있는 것 같은 주관적 느낌을 갖습니다. 비록 손은 존재하지 않는다고 해도 그 손을 표현하고 제어하는 뉴런들은 모두 그대로 있다는 사실을 고려한다면 그다지 놀랄 일은 아니죠. 경우에 따라서는 환상이 굉장히 사실적이어서 환자들은 환상지를 마음대로 움직일 수 있을 것 같은 느낌까지 받습니다. 어떤 연구자들이 기발한 생각을 했는데, 환상지를 느끼는 환자에게 환상지로는 원을 그리고 진짜 손으로는 직선을 그려보게 한 거예요.[104] 그랬더니 통상적인 간섭 현상이 일어났어요. 진짜 손으로 그리는 직선들이 환상지가 그리는 환상의 원에 영향을 받아서 타원 모양으로 일그러진 겁니다! 뇌 안에서의 두 행동 계획들이 (실제로는 실행되지 않았음에도 불구하고) 서로 영향을 준 것이죠!

40장

선생님, 제가 기억을 잃었어요. 언제부터요? 언제가 뭐죠?

신경과 의사가 진단을 내리기 위해서 이용하는 주된 정보원은 환자의 이야기예요. 환자가 말해주는 장애의 성격, 장애가 나타난 시기, 시간에 따른 악화 과정, 일상생활에 끼치는 영향 같은 것들 말이죠. 그런데 이 중요한 정보원이 말을 하지 못할 때가 있습니다. 정신 착란이나 식물 인간 상태 또는 의식 불명으로 인해서 대화를 할 수 없는 환자들이나 언어를 사용하지 못하는 실어증 환자들이 그런 경우죠. 하지만 정신도 명료하고 자기 표현도 할 수 있는데 자신의 장애를 알아차리지 못하는 환자들도 있지 않을까 싶어요.

그럼요. 환자가 장애를 인식하지 못하는 것을 일컬어서 질병 인식 불능증(anosognosia)이라고 합니다. 이 용어는 프랑스의 유명한 신경과 의사인 조셉 바빈스키(1857~1932)가 1914년에 만들었어요.[105] 바빈스키는 그리스어로 '부정'을 뜻하는 a와 '병'을 뜻하는 nosos 그리고 '인식'을 뜻하는 gnosis를 하나로 합쳐서 환자가 자신의 병을 인식하지 못한다는 뜻의 신조어를 만들었죠. 질병 인식 불능증은 암에 걸렸지만 암 진단은 아직 받지 않은 경우처럼, 병이 증상 없이 숨어 있어서 환자가 그것을 아직 모르고 있다는 뜻이 아니에요. 질병 인식 불능증의 경우에는 뚜렷한 증상이 있을 뿐만 아니라 종종 그 증상이 반신마비나 실명처럼 심각한데도 불구하고 환자가 병을 전혀 알아차리지 못하는 것처럼 보입니다.[106]

실명이라고요? 눈이 보이지 않는데 그 사실을 모른다는 말인가요?

실제 사례를 들어볼게요. 55살의 한 남자가 갑자기 이상한 행동을 하기 시작해요. 의자와 탁자에 부딪힌다거나, 자기 앞에 놓인 커피 잔을 잡지 못한다거나, 자기를 찾아온 손님들이 말을 시작해야 비로소 그들의 존재를 알아차리는 거죠. 한마디로 갑자기 시력을 상실한 게 분명했어요. 하지만 그 사람은 불평도 하지 않고, 도와달라고도 하지 않아요. 그리고 자신의 곤란한 처지에 대해서 이상한 이유들을 갖다 댑니다.

-요즘 어떠세요?

-잘 지내고 있습니다.

-눈은 잘 보이시나요?

-네, 문제없어요.

-그런데 (펜을 남자에게 보여주면서) 이게 뭐죠?

-여기가 좀 어둡네요. 당최 뭐가 보여야 말이죠.

-자, 불 켰습니다. 이 물건이 뭔지 말해 주시겠어요?

-의사 선생님, 전 이런 유치한 놀이 할 생각 없어요!

-알겠습니다. 그런데 제가 어떻게 생겼는지만 말해 주세요.

-땅딸막하시네요![107]

자기가 눈이 멀었는데 그것을 몰랐다니, 그 남자한테 무슨 일이 있었던 거죠?

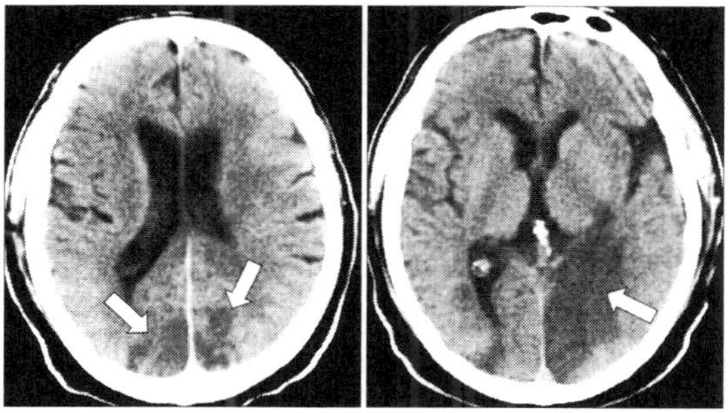

자료 63 CT상의 단층면에서 화살표가 가리키고 있는 약간 어두운 부위들은 뇌졸중으로 손상된 두 반구의 시각 영역에 해당한다.

그 사람은 뇌졸중을 앓았는데, 그 후유증으로 눈에서 오는 정보들을 받아들이는 영역을 좌뇌와 우뇌 모두 다쳤어요(자료 63; 앞의 자료 21을 볼 것). 그래서 피질맹이 됐죠. 다시 말해서 피질이 손상돼서 눈이 보이지 않게 된 거예요. 그런데 설상가상으로 실명에 대한 질병 인식 불능증까지 생겼던 겁니다!

마비에 대해서도 질병 인식 불능증이 생길 수 있나요?

네. 일반적으로 몸의 왼쪽이 마비되는 경우에 그럴 수 있어요. 완전히 반신불수였던 한 환자가 기억나는데, 그 사람은 저한테 자기가 피곤하고 등이 아파서 병원에 입원했지 절대 마비 때문에 입원한 것은 아니라고 했어요.

질병 인식 불능증은 단순히 자기 병을 부정하는 게 아닐까요? 대머리인 사람이 그 사실을 인정하기 싫어서 될 수 있으면 숨기려고 하는 것처럼 말이에요.

아니요. 그 환자들은 정말로 자신의 장애를 인식하지 못해요. 그런데 그게 좀 어중간하죠. 어떤 환자들은 자기가 장애가 있다는 사실을 가끔만 또는 특정 순간에만 받아들이고, 어떤 경우에는 자기가 마비됐다는 사실을 인정하면서도 일상생활을 하는 데는 아무 문제가 없다고 주장하기도 해요. 또 장애는 인정하지만 이상할 정도로 거기에 무관심한 경우도 있어요.

질병 인식 불능증은 마비나 실명에만 해당되나요?

그렇지 않습니다. 이를테면, 알츠하이머병 때문에 기억력에 문제가 있는 환자들이 자신의 건망증을 인식하지 못해서 기억력이 아주 좋다고 주장하는 경우도 드물지 않아요.

질병 인식 불능증의 원인은 뭔가요? 앞에서 언급된 경우들처럼 장애가 확실한데도 어떻게 그것을 알아차리지 못하죠?

여기에 대한 이론과 해석은 수없이 많아요! 간단히 보자면, 모든 사고 작용이 그렇듯이 증상을 인식하기 위해서는 많은 과정들이 제대로 기능해 줘야 합니다. 최소한 첫째로는 뇌가 장애(실명이나 마비)를 인식하기 위해서 거기로 주의를 향할 수 있어야 하고, 둘째로는 그것을 금방 잊어버리지 말아야 하며, 셋째로는 비교 대상, 즉 실명이 아닌 상태 혹은 마비되지 않은 상태에 대한 기억이 있어야 하고, 넷째로는 정상적 상황에 대한 그 기억을 현재 상황과 비교할 수 있어야 합니다. 그 밖에도 더 있지만 이 정도로 하죠. 한마디로 이 단계들 가운데 하나라도 제대로 기능하지 않으면 뇌의 기능 상실을 인식하기 어렵습니다.

질병 인식 불능증은 신경 심리학자의 단순한 관심거리인가요, 아니면 실제 임상에서 중요한가요?

현실적으로 굉장히 중요해요! 질병 인식 불능증이 있는 반신 마비 환자들은 다른 반신 마비 환자들보다 회복하기 훨씬 어렵습니다. 사실상 그 사람들은 마비를 치료하기 위해서 집중적인 재활 교육을 받을 이유도, 욕구도 없어요.

기억력의 경우는 어떤가요?

마찬가지예요. 자신이 기억력이 좋다고 믿거나 잘 잊어버린다는 사실을 인식하지 못하는 사람은 장을 보러 갈 때 목록을 작성하지 않아서 자기한테 필요한 게 뭔지 잊어버리고 사지 못할 겁니다. 또 친구들이 도와주겠다고 해도 거절하거나, 여러 사람한테 피해를 끼치면서도 운전을 계속 하겠다고 고집을 부리거나, 약을 먹지 않으려고 하겠죠. 마지막으로, 질병 인식 불능증은 질병이 아니라 증상이며 모든 종류의 장애에 적용될 수 있고 그래서 치료를 훨씬 어렵게 만들 우려가 있습니다.

수십 년 전부터 뇌 과학은 학술 잡지에 매달 수천 편에 이르는 논문을 쏟아내고 있습니다. 논문들 각각은 사소한 한 단면, 세밀한 실험 한 가지, 가설 하나만을 다룰 뿐이지만 그것들이 모이면 인간이란 무엇인가에 대한 새로운 그림이 그려집니다. 이 그림을 보기 위해서는 '한 걸음 뒤로' 물러나야 하죠. 그러나 눈사태처럼 쏟아지는 신경 과학의 결과물을 감상하기란, 책 서두에서 언급했던 모나리자 그림을 감상하는 일보다 훨씬 어렵습니다.

최근 들어서 과거에 사변 철학과 자기 성찰의 전유물이었던 양심 · 감정 · 책임감 · 의사 결정 · 도덕성 · 사회 관계 같은 주제들이 실험 과학의 영역으로 통합되는 경향이 나타나고 있습니다. 일부는 이 책에서도 논의가 됐죠. 이처럼 연구 분야가 확장되는 것과 함께, 정신 생활의 여러 분야들이 점점 세밀한 부분까지 이해되고 있고, 그것들의 뇌 메커니즘이 개별 뉴런의 단계까지 분석되고 있습니다.

예를 하나만 들자면, 2014년 노벨 생리학상은 새 뉴런들을 획기적으로 발견해 낸 연구자 세 명에게 수여됐어요. 이 뉴런들은 우리가 우리 위치를 매 순간 파악할 수 있게 해주는 것들입니다. 더 정확하게 말하자면, 쥐가 자기 위치를 파악할 수 있게 해주는 체계예요. 쥐들은 자기가 있는 곳의 작은 지도 내지는 일종의 GPS를 해마라는 뇌 부위 안에 갖고 다니는 셈이죠. 존 오키프는 쥐가 우리의 입구에 있을 때와 통로 안에 있을 때 각기 다른 세포들이 활성화된다는 사실을 밝혀냈습니다(이것들은 위치 뉴런이라고 불립니다). 우리는 단지 이 지도만 '보고' 쥐의 이동을 재현해 낼 수 있어요. 다시 말해서 해마 안에 삽입한 전극을 이용해서 뉴런들의 활성화를 보는 것이죠. 마이-브리트 모세르와 에드바르 모세르는 이웃한 뇌 영역에서 또 다른 뉴런들을 발견했는데, 이것들은 이 지도의 격자 형태를 형성하는 데 관여합니다(이것들은 격자 뉴런이라고 불립니다). 쥐들이 한 장소에서 다른 장소로 돌아다닐 수 있는 것은 틀림없이 이 뉴런들 덕분일 겁니다.

이 책에서는 이 주제와 관련해서 쥐 대신에, 방향 설정의 전문가라고 할 수 있는 런던 택시 기사들의 사례를 살펴봤습니다. 그 택시 기사들이 런던의 미로 속을 능숙하게 빠져나갈 수 있는 것은 틀림없이 해마를 '튼튼'하게 만들어서일 겁니다. 인간의 뇌에도 쥐와 유사한 위치 뉴런과 격자 뉴런이 있지 싶어요. 해마에 손상을 주는 알츠하이머병은 초기 증상 가운데 하나가 환자들이 길을 자꾸 잃어버리는 것인데 이것 역시 우연이 아닐 겁니다.

결국 쥐의 뉴런으로부터 시작해서, 쥐의 뇌와 능력 그리고 건강한 인간의 뇌와 정신 또 병든 인간의 뇌와 불행까지, 이 모든 것이 밀접하게 연관돼 있어요!

참고자료

1부 책에 속지 마세요!

1장 빛깔 좋은 뇌 그림

1 McCabe D. P., Castel A. D. (2008), 《Seeing is believing: The effect of brain images on judgments of scientific reasoning》, *Cognition*, 107, p. 343-352.

2 Keehner M., Mayberry L., Fischer M. H. (2011), 《Different clues from different views: the role of image format in public perceptions of neuroimaging results》, *Psychonomic Bulletin & Review*, 18, p. 422-428.

3 Reber R., Schwarz N. (1999), 《Effects of perceptual fluency on judgments of truth》, *Consciousness and Cognition,* 8, p. 338-342.

3장 남자의 뇌 vs 여자의 뇌

4 Ingalhalikar M., Smith A., Parker D., Satterthwaite T. D., Elliott M. A., Ruparel K., Hakonarson H., Gur R. E., Gur R. C., Verma R. (2014), 《Sex differences in the structural connectome of the human brain》, *Proceedings of the National Academy of Sciences of the United States of America*, 111, p. 823-828.

5 Huguet P., Regner I. (2009), 《Counter-stereotypic beliefs in math do not protect school girls from stereotype threat》, *Journal of Experimental Social Psychology*, 45, p. 1024-1027.

4장 이러다 바보가 되는 것은 아닐까?

6 Deary I. J., Johnson W., Houlihan L. M. (2009), 《Genetic foundations of human intelligence》, *Hum. Genet.*, 126, p. 215-232.

7 Chen C. H., Panizzon M. S., Eyler L. T., Jernigan T. L., Thompson W., Fennema-

Notestine C., Jak A. J., Neale M. C., Franz C. E., Hamza S. *et al.* (2011), 《Genetic influences on cortical regionalization in the human brain》, Neuron, 72, p. 537-544.

8 Barbey A. K., Colom R., Solomon J., Krueger F., Forbes C., Grafman J. (2012), 《An integrative architecture for general intelligence and executive function revealed by lesion mapping》, *Brain: A Journal of Neurology*, 135, p. 1154-1164.

9 Ramus F. (2012), 《L'intelligence humaine, dans tous ses etats》, *Cerveau & Psycho. L'Essentiel*, 2012, n° 9, p. 4-8.

10 Deary I. J., Whiteman M. C., Starr J. M., Whalley L. J., Fox H. C. (2004), 《The impact of childhood intelligence on later life: Following up the Scottish mental surveys of 1932 and 1947》, *J. Pers. Soc. Psychol.*, 86, p. 130-147.

2부 우리는 환각의 세계만을 본다

5장 빛과 그림자

11 D'autres illusions visuelles sont proposées dans Pourquoi les chimpanzés ne parlent pas (Odile Jacob, 2009) et *Pourquoi les filles sont si bonnes en maths* (Odile Jacob, 2012).

6장 흰 원피스일까, 파란 원피스일까?

12 Lafer-Sousa R., Hermann K. L., Conway B. R. (2015), 《Striking individual differences in color perception uncovered by "the dress" photograph》, *Current Biology*, CB 25, R545-546.

7장 아, 눈부셔!

13 Chan D., Crutch S. J., Warrington E. K. (2001), 《A disorder of colour perception associated with abnormal colour after-images: A defect of the primary visual cortex》, *J. Neurol. Neurosurg. Psychiatry*, 71, p. 515-517.

14 Shimojo S., Kamitani Y., Nishida S. (2001), 《Afterimage of perceptually filled-in surface》, *Science*, 293, p. 1677-1680.

8장 역마차 바퀴의 습격

15 Rushton W. A. (1967), 《Effect of humming on vision》, *Nature*, 216, p. 1173-1175.

16 Purves D., Paydarfar J. A., Andrews T. J. (1996), 《The wagon wheel illusion in movies and reality》, *Proceedings of the National Academy of Sciences of the United States of America*, 93, p. 3693-3697.

17 Wyart V., Sergent C. (2009), 《The phase of ongoing EEG oscillations uncovers the fine temporal structure of conscious perception》, *J. Neurosci.*, 29, p. 12839-12841.

18 Dubois J., Van Rullen R. (2011), 《Visual trails: Do the doors of perception open periodically?》, *PLoS Biol.*, 9 (5).

9장 가상의 움직임과 두 반구의 조화

19 Genc E., Bergmann J., Singer W., Kohler A. (2011), 《Interhemispheric connections shape subjective experience of bistable motion》, *Current Biology*, CB 21, p. 1494-1499.

10장 눈을 믿을까, 귀를 믿을까?

20 Shams L., Kamitani Y., Shimojo S. (2000), 《Illusions. What you see is what you hear》, *Nature*, 408, p. 788.

21 Mishra J., Martinez A., Sejnowski T. J., Hillyard S.A. (2007), 《Early cross-modal interactions in auditory and visual cortex underlie a sound-induced visual illusion》, *The Journal of Neuroscience: The Official Journal of the Society for Neuroscience*, 27, p. 4120-4131.

22 De Haas B., Kanai R., Jalkanen L., Rees G. (2012), 《Grey matter volume in early human visual cortex predicts proneness to the sound-induced flash illusion》, *Proceedings, Biological Sciences, The Royal Society*, 279, p. 4955-4961.

23 Song C., Schwarzkopf D. S., Rees G. (2013), 《Variability in visual cortex size reflects tradeoff between local orientation sensitivity and global orientation modulation》, *Nat. Commun.*, 4, p. 2201.

11장 스킬라와 카립디스 사이에서

24 De Schotten M. T., Dell'Acqua F., Forkel S. J., Simmons A., Vergani F., Murphy D. G., Catani M. (2011), 《A lateralized brain network for visuospatial attention》, *Nature Neuroscience*, 14 (10), p. 1245-1246.

12장 무엇과 어디

25 Mishkin M., Ungerleider L. G., Macko K. A. (1983), 《Object vision and spatial vision: Two cortical pathways》, *Trends Neurosci.*, 6, p. 414-417.

26 D'autres exemples historiques ou contemporains de tels troubles sont presentes dans L'Homme Thermomètre. Le cerveau en pièces détachées, Odile Jacob, 2004.

27 Zihl J., Cramon D. von, Mai N. (1983), 《Selective disturbance of movement vision after bilateral brain damage》, *Brain*, 106, p. 313-340.

28 Martinaud O., Pouliquen D., Parain D., Goldenberg A., Gerardin E., Hannequin D., Altarelli I., Ramus F., Hertz-Pannier L., Dehaene-Lambertz G. et al. (2015), 《Impaired functional differentiation for categories of objects in the ventral visual stream: A case of developmental visual impairment》, *Neuropsychologia*, 77, p. 52-61.

3부 **듣고, 만지고, 맡고, 맛보고**

13장 박쥐와 인간

29 Spallanzani L., *Lettere sopra il sospetto ni un nuovo senso ne' pipistrelli*, Turin, 1794.

30 Teng S., Puri A., Whitney D. (2012), 《Ultrafine spatial acuity of blind expert human echolocators》, *Experimental Brain Research*, 216, p. 483-488.

31 Buckingham G., Milne J. L., Byrne C.M., Goodale M. A. (2015), 《The sizeweight illusion induced through human echolocation》, *Psychological Science*, 26, p. 237-242.

32 Thaler L., Arnott S. R., Goodale M. A. (2011), 《Neural correlates of natural human echolocation in early and late blind echolocation experts》, *PloS One*, 6, e20162.

33 Thaler L. (2013), 《Echolocation may have real-life advantages for blind people: An analysis of survey data》, *Front. Physiol.*, 4, p. 98.

14장 귀로 읽는 법

34 Striem-Amit E., Cohen L., Dehaene S., Amedi A. (2012), 《Reading with sounds: Sensory substitution selectively activates the visual word form area in the blind》, *Neuron*, 76, p. 640-652.

15장 이게 무슨 소리일까?

35 Eggermont J. J., Roberts L. E. (2015), 《Tinnitus: Animal models and findings in humans》, *Cell Tissue Res.*, 361, p. 311-336.

36 De Ridder D., Elgoyhen A. B., Romo R., Langguth B. (2011), 《Phantom percepts: Tinnitus and pain as persisting aversive memory networks》, *Proceedings of the National Academy of Sciences of the United States of America*, 108, p. 8075-8080.

37 Sedley W., Gander P. E., Kumar S., Oya H., Kovach C. K., Nourski K. V., Kawasaki H., Howard M. A., Griffiths T. D. (2015), 《Intracranial mapping of a cortical tinnitus system using residual inhibition》, *Current Biology*, CB 25, p. 1208-1214.

16장 상상 속 뜨거운 석쇠

38 Lindstedt F., Johansson B., Martinsen S., Kosek E., Fransson P., Ingvar M. (2011), 《Evidence for thalamic involvement in the thermal grill illusion: An FMRI study》, *PloS One*, 6, e27075.

39 Gallace A., Torta D. M., Moseley G. L., Iannetti G. D. (2011), 《The analgesic effect of crossing the arms》, *Pain*, 152, 1418-1423.

40 Marotta A., Ferre E. R., Haggard P. (2015), 《Transforming the thermal grill effect by crossing the fingers》, *Current Biology*, CB 25, p. 1069-1073.

41 Moseley G. L., Gallace A., Spence C. (2009), 《Space-based, but not armbased, shift in tactile processing in complex regional pain syndrome and its relationship to cooling of the affected limb》, *Brain: A Journal of Neurology*, 132, p. 3142-3151.

17장 코끝에서 맴도는 냄새

42 Yeshurun Y., Sobel N. (2010), 《An odor is not worth a thousand words: From multidimensional odors to unidimensional odor objects》, *Annual Review of Psychology*, 61, p. 219-241, C211-215.

43 Lord T., Kasprzak M. (1989), 《Identification of self through olfaction》, *Percept. Mot. Skills*, 69, p. 219-224.

44 Wells D. L., Hepper P. G. (2000), 《The discrimination of dog odours by humans》, *Perception*, 29, p. 111-115.

45 Porter R. H., Cernoch J. M., McLaughlin F. J. (1983), 《Maternal recognition of neonates through olfactory cues》, *Physiol. Behav.*, 30, p. 151-154.

46 Cain W. S., de Wijk R., Lulejian C., Schiet F., See L.-C. (1998), 《Odor identification: Perceptual and semantic dimensions》, *Chemical Senses*, 23, p. 309-326.

47 Spence C., Levitan C. A., Shankar M. U., Zampini M. (2010), 《Does food color influence taste and flavor perception in humans?》, *Chemosensory Perception*, 3, p. 68-84.

48 Delon-Martin C., Plailly J., Fonlupt P., Veyrac A., Royet J. P. (2013), 《Perfumers' expertise induces structural reorganization in olfactory brain regions》, *NeuroImage*, 68, p. 55-62.

49 Seubert J., Freiherr J., Frasnelli J., Hummel T., Lundstrom J. N. (2013), 《Orbitofrontal cortex and olfactory bulb volume predict distinct aspects of olfactory performance in healthy subjects》, *Cereb. Cortex*, 23, p. 2448-2456.

18장 만능 혀

50 Chaudhari N., Roper S. D. (2010), 《The cell biology of taste》, J. *Cell. Biol.*, 190, p. 285-296.

19장 집 없는 아이, 자크 이노디

51 Nicolas S., Guida A., Levine Z. (2014), 《Broca and Charcot's research on Jacques Inaudi: The psychological and anthropological study of a mental calculator》, *J. Hist. Neurosci.*, 23, p. 140-159.

52 D'autres cas de calculateurs prodiges, bien differents de celui de Jacques Inaudi, sont decrits dans Pourquoi les filles sont si bonnes en maths, *Odile Jacob*, 2012.

20장 수학적 능력은 어디에?

53 Halberda J., Mazzocco M. M., Feigenson L. (2008), 《Individual differences in non-verbal number acuity correlate with maths achievement》, *Nature*, 455, p. 665-668.

54 Harvey B. M., Klein B. P., Petridou N., Dumoulin S. O. (2013), 《Topographic representation of numerosity in the human parietal cortex》, *Science*, 341, p. 1123-1126.

55 Dehaene S., *La Bosse des maths*, Odile Jacob, 1997 ; nouvelle edition, 2010.

21장 어림장이 N씨

56 Dehaene S., Cohen L. (1991), 《Two mental calculation systems: A case study of severe acalculia with preserved approximation》, *Neuropsychologia*, 29, p. 1045-1074.

57 Les capacites de calcul des bebes sont presentees plus en detail dans *Pourquoi les filles sont si bonnes en maths et Pourquoi les chimpanzés ne parlent pas, op. cit.*

22장 수학 잘하세요?

58 Supekar K., Swigart A. G., Tenison C., Jolles D. D., Rosenberg-Lee M., Fuchs L., Menon V. (2013), 《Neural predictors of individual differences in response to math tutoring in primary-grade school children》, *Proceedings of the National Academy of Sciences of the United States of America*, 110, p. 8230-8235.

23장 수학 공포증

59 Maloney E. A., Beilock S. L. (2012), 《Math anxiety: Who has it, why it develops, and how to guard against it》, *Trends in Cognitive Sciences*, 16, p. 404-406.

60 Young C. B., Wu S. S., Menon V. (2012), 《The neurodevelopmental basis of math anxiety》, *Psychological Science,* 23, p. 492-501.

61 Lyons I. M., Beilock S. L. (2012), 《Mathematics anxiety: Separating the math from the anxiety》, *Cereb. Cortex*, 22, p. 2102-2110.

62 Ramirez G., Beilock S. L. (2011), 《Writing about testing worries boosts exam performance in the classroom》, *Science*, 331, p. 211-213.

5부 **잘 배우고, 잘 기억하려면**

24장 효과적인 공부법

63 Bahrick H. P., Bahrick L. E., Bahrick A. S., Bahrick P. E. (1993), 《Maintenance of foreign language vocabulary and the spacing effect》, *Psychological Science*, 4, p. 316-321.

64 Carpenter S. K., Cepeda N. J., Rohrer D., Kang S. H., Pashler H. (2012), 《Using spacing to enhance diverse forms of learning: Review of recent research and implications for instruction》, *Educational Psychology Review*, 24, p. 369-378.

65 Cepeda N. J., Vul E., Rohrer D., Wixted J. T., Pashler H. (2008), 《Spacing effects in learning a temporal ridgeline of optimal retention》, *Psychological Science*, 19, p. 1095-1102.

66 Taylor K., Rohrer D. (2010), 《The effects of interleaved practice》, *Applied Cognitive Psychology*, 24, p. 837-848.

67 Roediger H. L., Karpicke J. D. (2006), 《Test-enhanced learning: Taking memory tests improves long-term retention》, *Psychological Science*, 17, p. 249-255.

25장 얘들아, 잘 자

68 Ngo H. V., Martinetz T., Born J., Molle M. (2013), 《Auditory closed-loop

stimulation of the sleep slow oscillation enhances memory》, *Neuron*, 78, p. 545-553.

26장 꿈의 기억

69 Nir Y., Tononi G. (2010), 《Dreaming and the brain: From phenomenology to neurophysiology》, *Trends in Cognitive Sciences*, 14, p. 88-100.

70 Eichenlaub J. B., Bertrand O., Morlet D., Ruby P. (2014), 《Brain reactivity differentiates subjects with high and low dream recall frequencies during both sleep and wakefulness》, *Cereb. Cortex*, 24, p. 1206-1215.

27장 읽기, 그건 기본이지

71 Dehaene-Lambertz G., Hertz-Pannier L., Dubois J., Meriaux S., Roche A., Sigman M., Dehaene S. (2006), 《Functional organization of perisylvian activation during presentation of sentences in preverbal infants》, *Proc. Natl Acad. Sci. USA*, 103, p. 14240-14245.

72 Lukatela K., Carello C., Shankweiler D., Liberman I. Y. (1995), 《Phonological awareness in illterates: Observations from Serbo-Croatian》, *Applied Psycholinguistics*, 16, p. 463-488.

73 Ben-Shachar M., Dougherty R. F., Deutsch G. K., Wandell B. A. (2011), 《The development of cortical sensitivity to visual word forms》, J. *Cogn. Neurosci.*, 23, p. 2387-2399.

74 Nakamura K., Kuo W. J., Pegado F., Cohen L., Tzeng O. J., Dehaene S. (2012), 《Universal brain systems for recognizing word shapes and handwriting gestures during reading》, *Proc. Natl Acad. Sci. USA*, 109 (50), p. 20762-20767.

75 Dehaene S. (dir.), *Apprendre à lire*, Odile Jacob, 2011.

28장 보끔밥과 볶음밥, 망가진 글씨

76 Rapp B., Purcell J., Hillis A. E., Capasso R., Miceli G. (2016), 《Neural bases of orthographic long-term memory and working memory in dysgraphia》, *Brain: A Journal of Neurology*, 139, p. 588-604.

77 Cook F. A., Makin S. D., Wardlaw J., Dennis M. S. (2013), 《Dystypia in acute stroke not attributable to aphasia or neglect》, *B. M. J. Case Rep.*, 2013.

78 Forbes K. E., Venneri A. (2003), 《A case for case: Handling letter case selection in written spelling》, *Neuropsychologia*, 41, p. 16-24.

29장 런던의 택시 기사

79 Maguire E. A., Gadian D. G., Johnsrude I. S., Good C. D., Ashburner J., Frackowiak R. S., Frith C. D. (2000), 《Navigation-related structural change in the hippocampi of taxi drivers》, *Proc. Natl Acad. Sci. USA*, 97, p. 4398-4403.

80 Woollett K., Maguire E. A. (2011), 《Acquiring "the Knowledge" of London's layout drives structural brain changes》, *Current Biology*, CB 21, p. 2109-2114.

81 Maguire E. A., Nannery R., Spiers H. J. (2006), 《Navigation around London by a taxi driver with bilateral hippocampal lesions》, *Brain: A Journal of Neurology*, 129, p. 2894-2907.

30장 원자 폭탄의 혜택

82 Voir le chapitre 《Nouveaux neurones, nouvelle memoire?》, *in Cohen L., Pourquoi les filles sont si bonnes en maths, op. cit.*, p. 52-58.

83 Spalding K. L., Bergmann O., Alkass K., Bernard S., Salehpour M., Huttner H. B., Bostrom E., Westerlund I., Vial C., Buchholz B. A. et al. (2013), 《Dynamics of hippocampal neurogenesis in adult humans》, *Cell*, 153, p. 1219-1227.

31장 머리는 필요 없어. 인터넷이 있으니까!

84 Carr N., *Internet rend-il bête?*, Robert Laffont, 2011.

85 Sparrow B., Liu J., Wegner D. M. (2011), 《Google effects on memory: Cognitive consequences of having information at our fingertips》, *Science*, 333, p. 776-778.

32장 일은 너무 힘들어

86 Levy R. (2012), 《Apathy: A pathology of goal-directed behaviour. A new concept of the clinic and pathophysiology of apathy》, *Rev. Neurol.*, 168, p. 585-597.

87 Grimmer T., Diehl J., Drzezga A., Forstl H., Kurz A. (2004), 《Region-specific decline of cerebral glucose metabolism in patients with frontotemporal dementia: A prospective 18F-FDG-PET study》, *Dementia and Geriatric Cognitive Disorders*, 18, p. 32-36.

88 Clery-Melin M. L., Schmidt L., Lafargue G., Baup N., Fossati P., Pessiglione M. (2011), 《Why don't you try harder? An investigation of effort production in major depression》, *PloS One 6*, e23178.

89 Schlaepfer T. E., Cohen M. X., Frick C., Kosel M., Brodesser D., Axmacher N., Joe A. Y., Kreft M., Lenartz D., Sturm V. (2008), 《Deep brain stimulation to reward circuitry alleviates anhedonia in refractory major depression》, *Neuropsychopharmacology*, 33, p. 368-377.

90 Laplane D., Dubois B. (2001), 《Auto-activation deficit: A basal ganglia related syndrome》, *Mov. Disord.*, 16, p. 810-814.

91 Bonnelle V., Manohar S., Behrens T., Husain M. (2016), 《Individual differences in premotor brain systems underlie behavioral apathy》, *Cereb. Cortex*, 26, p. 807-819.

33장 미래의 기억

92 Lebreton M., Bertoux M., Boutet C., Lehericy S., Dubois B., Fossati P., Pessiglione M. (2013), 《A critical role for the hippocampus in the valuation of imagined outcomes》, *PLOS Biology*, 11, e1001684.

93 Story G. W., Vlaev I., Seymour B., Darzi A., Dolan R. J. (2014), 《Does temporal discounting explain unhealthy behavior? A systematic review and reinforcement learning perspective》, *Front. Behav. Neurosci.*, 8, p. 76.

34장 장밋빛 인생

94 Klein W. M. P., Stefanek M. E. (2007), 《Cancer risk elicitation and communication: Lessons from the psychology of risk perception》, *CA: A Cancer Journal for Clinicians*, 57, p. 147-167.

95 Sharot T., Korn C. W., Dolan R. J. (2011), 《How unrealistic optimism is maintained in the face of reality》, *Nat. Neurosci.*, 14, p. 1475-1479.

96 Sharot T., Kanai R., Marston D., Korn C. W., Rees G., Dolan R. J. (2012), 《Selectively altering belief formation in the human brain》, *Proc. Natl Acad. Sci. USA*, 109, p. 17058-17062.

97 Marshall M., Brown J. (2006), 《Emotional reactions to achievement outcomes: Is it really best to expect the worst?》, *Cognition & Emotion*, 20, p. 43-63.

35장 금융인의 두 얼굴

98 Cohn A., Fehr E., Marechal M. A. (2014), 《Business culture and dishonesty in the banking industry》, *Nature*, 516, p. 86-89.

99 Akerlof G. A., Kranton R. E., *Identity Economics: How Our Identities Shape Our Work, Wages, and Well-Being*, Princeton University Press, 2010.

36장 숨 쉬는 걸 잊는다고?

100 Trang H. (2006), 《Le syndrome d'Ondine》, *Encyclopédie Orphanet*, http://ww.orpha.net/data/patho/FR/fr-Ondine.pdf.

101 Sharman M., Gallea C., Lehongre K., Galanaud D., Nicolas N., Similowski T., Cohen L., Straus C., Naccache L. (2014), 《The cerebral cost of breathing: An fMRI case-study in congenital central hypoventilation syndrome》, *PloS One*, 9, e107850.

7부 **신경과 의사의 진료실**

38장 그러다가 싸우겠네

102 ⓒ http://www.santannapisa.it/en/institute/biorobotics/artificial-hands-area.

39장 오른손이 하는 일을 왼손이 모르게요?

103 Franz E. A., Eliassen J. C., Ivry R. B., Gazzaniga M. S. (1996), 《Dissociation of spatial and temporal coupling in the bimanual movements of callosotomy patients》, *Psychological Science*, 7, p. 306-310.

104 Franz E. A., Ramachandran V. (1998), 《Bimanual coupling in amputees with phantom limbs》, *Nat. Neurosci.*, 1, p. 443-444.

40장 선생님, 제가 기억을 잃었어요. 언제부터요? 언제가 뭐죠?

105 Babinski J., 《Contribution a l'etude de troubles mentaux dans l'hemiplegie organique cerebrale》, *Revue neurol.*, 1914, 27, p. 845-847.

106 Orfei M. D., Robinson R. G., Prigatano G. P., Starkstein S., Rusch N., Bria P., Caltagirone C., Spalletta G. (2007), 《Anosognosia for hemiplegia after stroke is a multifaceted phenomenon: a systematic review of the literature》, *Brain: A Journal of Neurology*, 130, p. 3075-3090.

107 Kondziella D., Frahm-Falkenberg S. (2011), 《Anton's syndrome and eugenics》, *J. Clin. Neurol.*, 7, p. 96-98.

나를 속이는 뇌
뇌를 속이는 나

초판 발행 2019년 6월 20일
2쇄 발행 2019년 12월 5일

지은이 로랑 코앙
옮긴이 하정희
펴낸이 조승식
펴낸곳 북스힐
등록 1998년 7월 28일 제22-457호
주소 서울시 강북구 한천로 153길 17
전화 02-994-0071
팩스 02-994-0073

홈페이지 www.bookshill.com
이메일 bookshill@bookshill.com

정가 15,000원
ISBN 979-11-5971-216-6